"十二五"高职高专教育精品规划教材

建筑装饰设计原理
（第2版）

主　编　齐亚丽　田　雷　王雪莹
副主编　王金玉　蔡文慧
参　编　邓骁男

北京理工大学出版社
BEIJING INSTITUTE OF TECHNOLOGY PRESS

内 容 提 要

本书从培养学生的装饰设计能力出发,详细介绍了建筑装饰设计的基本原理和方法,内容包括建筑装饰设计概论、建筑装饰设计与人体工程学、建筑装饰设计与室内外空间、室内空间界面设计、建筑装饰色彩设计、建筑装饰照明设计、家具与陈设设计、室内景观设计、建筑室内装饰设计和建筑室外装饰设计。全书结构完整清晰,图文结合,注重对学生实践能力的培养。

本书可用作高职高专院校建筑装饰工程技术专业的教材,也可用作建筑装饰企业的培训教材和相关人员的自学参考用书。

版权专有　侵权必究

图书在版编目(CIP)数据

建筑装饰设计原理/齐亚丽,田雷,王雪莹主编. —2版. —北京:北京理工大学出版社,2015.3（2019.9重印）

ISBN 978-7-5682-0375-3

Ⅰ.①建… Ⅱ.①齐… ②田… ③王… Ⅲ.①建筑装饰-建筑设计 Ⅳ.①TU238

中国版本图书馆CIP数据核字(2015)第058182号

出版发行 / 北京理工大学出版社有限责任公司
社　　址 / 北京市海淀区中关村南大街5号
邮　　编 / 100081
电　　话 / (010)68914775(总编室)
　　　　　(010)82562903(教材售后服务热线)
　　　　　(010)68948351(其他图书服务热线)
网　　址 / http://www.bitpress.com.cn
经　　销 / 全国各地新华书店
印　　刷 / 北京紫瑞利印刷有限公司
开　　本 / 787毫米×1092毫米　1/16
印　　张 / 12
字　　数 / 247千字
版　　次 / 2015年3月第2版　2019年9月第3次印刷
定　　价 / 29.00元

责任编辑 / 王玲玲
文案编辑 / 王玲玲
责任校对 / 周瑞红
责任印制 / 边心超

图书出现印装质量问题,请拨打售后服务热线,本社负责调换

第2版前言

随着人们生活水平的提高和科学技术的进步，人们对建筑空间环境提出了更高的要求，现代建筑装饰设计必须依据环境需求的变化而不断发展。为了更好地满足高职高专院校教学的需求，编者对本书进行了修订。

本书在第1版的基础上，大体保留了原有的知识体系，对局部的知识结构进行了调整，修改并补充了部分知识，以适应当前社会生产力与科技水平的发展，进而强化了教材的实用性和可操作性。本书坚持以理论知识为基础，以培养面向生产第一线的应用型人才为目的，旨在提升学生的实践能力和动手能力。

本次修订的主要内容如下：

1. 重新编写了各章的学习目标和能力目标，力求更准确地概括各章学习的重点，明确每章应重点掌握的知识和技能，使师生在教与学的过程中有更清晰的教学与学习目标。

2. 重新编写了各章小结，补充、修改了各章的思考与练习，丰富了习题形式，使其更具操作性和实用性，有利于学生进行总结和练习。

3. 在内容结构上，增加了色彩在室内装饰设计中的应用、室内自然采光照明、楼梯装饰设计等内容；在细节上，增加了人体尺度的测量方法及应用、室内空间尺度与空间形式、人体基本动作分析、室内空间的特征、色彩表示体系、家具的造型与材质、室内家具的搭配、室内陈设艺术设计方法、绿化植物及选择因素、山石及水景的表现方法、地面装饰材料选用、水景景观效果及设计形式等知识点，丰富了本书的知识体系，扩充了知识容量，为学生日后的学习和工作奠定了理论基础。

本书由吉林工程职业学院齐亚丽、江西环境工程职业学院田雷、黑龙江农垦职业学院王雪莹担任主编，石家庄职业技术学院王金玉、江西新闻出版职业技术学院蔡文慧担任副主编，吉林工程职业学院邓骁男参与了本书部分章节编写。具体编写分工为：齐亚丽编写第一章、第二章、第七章，田雷编写第三章、第八章，王雪莹编写第六章、第九章，王金玉和邓骁男共同编写第四章、第十章，蔡文慧编写第五章。

本书在修订过程中参阅了国内同行的多部著作，部分高职高专院校的老师也提出了很多宝贵意见，在此表示衷心的感谢！

由于编者的水平和实践经验有限，书中难免有疏漏或不妥之处，恳请广大专家及读者批评指正。

编　者

第1版前言 PREFACE

建筑装饰设计是通过物质技术手段和艺术手段，为满足人们生产、生活活动的物质需要和精神需求而进行的建筑室内外空间环境的创造设计活动。建筑装饰设计既要满足人们生产、生活活动安全、舒适、高效等方面的物质需求，也要满足人们在有限空间内获得无限的精神感受的精神需求，因此，建筑装饰设计必须做到以物质为用，以精神为本，以有限的物质条件创造出无限的精神价值。

随着新结构、新材料、新技术的发展，建筑装饰设计也更具有灵活性和多样性，各种建筑形象也越来越丰富且具有时代特色。如何充分运用新知识、新理念、新材料和新技术来创造新颖独特的建筑形象与外部环境，以满足人们不断发展的生活需求和审美要求，是建筑装饰设计原理这一学科应该解决的问题。

建筑装饰设计是一门复杂的综合学科，它涉及建筑学、社会学、民俗学、心理学、人体工程学、结构工程学、建筑物理以及建筑材料等学科。现代建筑装饰设计已发展成为在现代工程学、现代美学和现代生活理念的指导下，通过空间的塑造以提高人们生活境界和文明水准的一门学科。

本教材根据全国高等职业教育建筑装饰工程技术专业教育标准和培养方案及主干课程教学大纲的要求，本着"必需、够用"的原则，以"讲清概念、强化应用"为主旨进行编写。全书采用"学习目标""教学重点""技能目标""本章小结""复习思考题"的模块形式，对各章节的教学重点做了多种形式的概括与指点，以引导学生学习，掌握相关技能。本教材在编写方式上，注重图文结合，注重对学生实际能力的培养。通过本教材的学习，学生可以掌握建筑装饰设计的基本原理和基本方法，并通过相应的技能实训，具备一定的装饰设计创作能力、表现能力和沟通表达能力，为今后的学习、工作打下坚实的基础。

本教材的编写人员既有具有丰富教学经验的教师，又有建筑装饰设计领域的专家学者，从而使教材内容既贴近教学实际需要，又贴近建筑装饰设计工作实际。本教材由李永昌、田雷、杨俊志编著，马晓亮任副主编，王璐也参与了本教材的编写工作。教材编写过程中参阅了国内同行的多部著作，部分高职高专院校老师也对编写工作提出了很多宝贵的意见，在此表示衷心的感谢。

本教材既可用作高职高专院校建筑装饰工程技术专业的教材，也可用作从事装饰装修设计工作的相关人员的参考书籍。限于编者的专业水平和实践经验，教材中疏本漏或不妥之处在所难免，恳请广大读者批评指正。

编　者

目录 CONTENTS

第一章　建筑装饰设计概论 ·· 1
　　第一节　建筑装饰设计的概念与发展 ··· 1
　　第二节　建筑装饰设计的目的与意义 ··· 8
　　第三节　建筑装饰设计的内容与分类 ··· 9
　　本章小结 ··· 12
　　思考与练习 ··· 12

第二章　建筑装饰设计与人体工程学 ·· 14
　　第一节　建筑装饰设计基础 ·· 14
　　第二节　建筑装饰设计方法与设计程序 ·· 18
　　第三节　人体工程学 ··· 20
　　本章小结 ··· 35
　　思考与练习 ··· 36

第三章　建筑装饰设计与室内外空间 ·· 37
　　第一节　建筑室内空间 ·· 37
　　第二节　建筑室外空间 ·· 43
　　本章小结 ··· 46
　　思考与练习 ··· 46

第四章　室内空间界面设计 ·· 48
　　第一节　空间界面的处理 ··· 48
　　第二节　空间界面设计原则与要点 ·· 53
　　第三节　室内空间处理与室内空间要素的组合 ································ 56

本章小结 ··· 59
　　思考与练习 ·· 60

第五章　建筑装饰色彩设计 ·· 61
　　第一节　色彩概述 ··· 61
　　第二节　材质、色彩与照明 ·· 66
　　第三节　色彩的作用与效果 ·· 67
　　第四节　色彩设计原则与设计方法 ·································· 70
　　第五节　色彩在室内装饰设计中的应用 ····························· 72
　　本章小结 ··· 73
　　思考与练习 ·· 73

第六章　建筑装饰照明设计 ·· 75
　　第一节　采光照明的基本概念与要求 ································ 75
　　第二节　室内自然采光照明 ··· 78
　　第三节　室内人工照明 ·· 79
　　第四节　照明设计原则 ·· 81
　　第五节　建筑照明 ··· 83
　　本章小结 ··· 93
　　思考与练习 ·· 93

第七章　家具与陈设设计 ··· 95
　　第一节　家具与家具配置 ··· 95
　　第二节　室内陈设艺术 ·· 103
　　本章小结 ··· 110
　　思考与练习 ·· 110

第八章　室内景观设计 ··· 112
　　第一节　室内绿化的作用 ··· 112
　　第二节　室内绿化的布局与方法 ····································· 115

第三节　室内植物的选择 ………………………………………………………… 117

   第四节　山石、水体与小品 ……………………………………………………… 122

   本章小结 ……………………………………………………………………………… 130

   思考与练习 …………………………………………………………………………… 130

第九章　建筑室内装饰设计 ………………………………………………………… 132

   第一节　地面装饰设计 …………………………………………………………… 132

   第二节　墙面装饰设计 …………………………………………………………… 136

   第三节　顶棚装饰设计 …………………………………………………………… 138

   第四节　门窗装饰设计 …………………………………………………………… 140

   第五节　楼梯装饰设计 …………………………………………………………… 143

   第六节　不同类型的建筑室内装饰设计 ………………………………………… 144

   本章小结 ……………………………………………………………………………… 151

   思考与练习 …………………………………………………………………………… 151

第十章　建筑室外装饰设计 ………………………………………………………… 153

   第一节　建筑室外装饰设计概述 ………………………………………………… 153

   第二节　建筑造型与装饰设计 …………………………………………………… 155

   第三节　室外局部装饰设计 ……………………………………………………… 157

   第四节　店面装饰设计 …………………………………………………………… 159

   第五节　玻璃幕墙设计 …………………………………………………………… 161

   第六节　建筑室外景观设计 ……………………………………………………… 165

   本章小结 ……………………………………………………………………………… 180

   思考与练习 …………………………………………………………………………… 180

参考文献 …………………………………………………………………………………… 182

第一章　建筑装饰设计概论

学习目标

通过对本章的学习，了解建筑装饰设计的概念、作用及中外建筑装饰设计的发展状况和发展趋势；熟悉建筑装饰设计的目的和意义；掌握建筑装饰设计的内容与分类。

能力目标

通过对本章的学习，了解建筑装饰设计的概念、目的与发展；熟悉建筑装饰设计的内容；能够对建筑装饰设计进行分类。

第一节　建筑装饰设计的概念与发展

一、建筑装饰设计的概念

建筑装饰设计是指通过物质技术手段和艺术手段，为满足人们生产和生活的物质需求及精神需求而对建筑室内外空间环境进行的创造设计活动。建筑装潢、建筑装修与建筑装饰三者之间存在较大的差异。"装潢"一词原意是指器物或商品外表的"修饰"，建筑装潢着重从表面和视觉艺术的角度来探讨和研究建筑室内外各界面的处理；建筑装修是指建筑施工完成后，对地面、墙面、顶棚、门窗、隔墙等的最后装修工程，其更着重于施工工艺等工程技术方面的问题；建筑装饰则是从整体上对空间环境的创造设计，不仅包括视觉艺术和工程技术两方面，还涉及室内组织、建筑风格、文化内涵、环境氛围及意境等方面的内容。

建筑装饰设计在设计领域构成了特有的设计特征，具体表现在它是一种有目的的空间环境建构过程，是一种创造生活的过程，是一种图示思维与解决矛盾的过程。建筑装饰设计是一门复杂的综合学科，涉及建筑学、社会学、民俗学、心理学、人体工程学、结构工程学、建筑物理以及建筑材料等学科，而且随着时代的发展，其内容和范围也将不断地延伸和扩大。现代建筑装饰设计已发展成为在现代工程学、现代美学和现代生活理念的指导下，通过空间的塑造以提高人们生活境界和文明程度的一门学科，其目的在于增进人类生活的和谐和提高人类生命的价值。

二、建筑装饰设计的发展

建筑装饰设计与建筑是密不可分的，因此，建筑装饰设计的发展随着建筑的发展而进步。

（一）中国建筑装饰设计

木材作为中国古代建筑的主要材料，形成了世界建筑中一个独特的体系。这一体系以其独特的木构架结构方式、卓越的建筑组群布局著称于世，同时也创造了特征鲜明的外观形象和建筑装饰方法。

1. 原始社会

在原始社会，人们创造了穴居、巢居两种原始居住方式，并进一步发展为木骨泥墙建筑和干阑式建筑，人们已经能对建筑空间进行简单的组织与分隔。在新石器后期，人们已经能对建筑空间进行简单的组织与分隔，并使用白灰抹地用于防潮，同时获得光洁、明亮的效果；还在墙面上绘制图案，这不仅对建筑物起到一定的装饰作用，也起到一定的杀菌作用。

2. 夏、商、西周和春秋战国时期

夏、商、西周的建筑，其木构架形式已略具雏形，瓦的发明使建筑从茅茨土阶的简陋状态进入较高级的阶段，建筑装饰和色彩也有很大发展。春秋战国时期，回廊和庭院式布局已经很普遍，高台建筑的兴盛，反映了人们对室内外空间的关系已经有了明确的认识。在建筑色彩方面，西周已十分丰富，但有严格的等级观念。在这个时期，由于人们习惯于席地而坐，因而家具多为低矮型。春秋战国时期，家具制造业发展很快，主要以楚文化为中心的髹漆家具为代表。

3. 秦汉时期

战国至秦汉时期，木构架的主要结构形式已形成，斗拱已普遍使用，屋顶形式也已多样化，即中国古建筑的主要特征都已具备，木构架建筑体系已基本形成。这也是我国建筑茁壮成长并逐渐走向成熟的时期，是中国建筑发展史上的第一个高峰期。从出土的瓦当、器皿等实物以及画像石、画像砖中描绘的窗棂、栏杆图案来看，当时的室内装饰已经非常精细和华丽；室内家具已非常丰富，床、榻、席、屏风、几案、箱柜等已普遍使用。秦汉时期是低矮型家具的高峰期，品种繁多，基本满足了人们生活的需要。

4. 魏晋南北朝

魏晋南北朝社会动荡，所以这个时期，社会生产的发展比较缓慢，在建筑上也不及两汉期间有那样多生动的创造和革新。但由于佛教的传入引起了佛教建筑的发展，出现了高层佛塔，印度、中亚一带的雕刻、绘画艺术也相继出现。

魏晋南北朝时期的室内家具发生了很大变化，形式更加丰富，高坐式家具如椅子、方凳、圆凳等由西域传入中原并逐渐盛行。

5. 隋唐五代

唐代是中国木构建筑发展的成熟时期，建筑规模宏大、规划严整、气魄宏伟、庄重大方，建筑群处理也日趋成熟，建筑艺术与结构技术达到了完美的统一。无论是在城市规划上，还是在宫殿、陵墓、寺庙、桥梁、园林以及住宅的建造上，都达到了前所未有的高度。

隋唐五代时期的家具仍以席地而坐的低式家具为主，但垂足而坐也渐成风尚，高坐式家具类型逐渐增多，至五代，垂足而坐的起居方式成为主流。由于染织技术的发展，室内帷幔、帘幕、坐垫等的使用提升了居室的舒适度。

6. 宋代

宋代的工业水平已有较大的提高，建筑装饰在色彩方面有较大的发展，宋代开始大量使用格子门、格子窗，门窗格子刻有球纹、古钱纹等多种式样，不仅改善了采光条件，还增加了装饰效果。建筑木架部分开始采用各种华丽的彩画，加上琉璃瓦的大量使用，使建筑外观形象趋于柔和秀丽。在内部装饰上，天花形式发展为大方格的平棊和强调主体空间的藻井，空间分隔多采用木隔扇。由于普遍使用了高坐式家具，室内空间也相应扩充。

7. 明清时期

明清时期是我国古建筑最后的发展时期，木构架建筑重新定型，形象趋于严谨稳重。官式建筑的装饰日趋定型，如彩画、门窗、隔扇、天花等都已基本定型，建筑色彩因运用琉璃瓦、红墙、汉白玉台基、青绿点金彩画等鲜明色调而产生了强烈对比和极为富丽的效果。明清时代的家具一般以清代乾隆时为分界，此前的家具被称为"明式家具"，此后的家具被称为"清式家具"。

(二)西方古代建筑装饰设计

1. 古希腊时期

古希腊是欧洲文化的"摇篮"，古希腊建筑艺术及其建筑装饰已达到非常高的水平。神庙建筑的发展促使了"柱式"的发展和定型，古希腊的"柱式"不仅是一种建筑部件的形式，更是一种建筑规范的风格，如图1-1所示，柱式构成的柱廊起到了室内外空间过渡的作用。古希腊建筑中性格鲜明、比例恰当、逻辑严谨的柱式和山花部位的精美雕刻成为主要的外部装饰；其内部装饰也极有特点，如帕提农神庙正殿内的多立克柱廊采用了双层叠柱式，不仅使空间开敞，而且将殿内耸立的雅典娜雕塑衬托得更加高大，如图1-2所示。

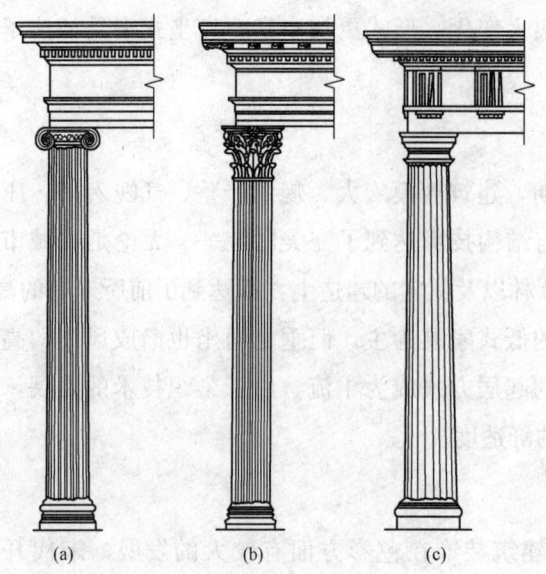

图 1-1　古希腊的柱式
(a)多立克式；(b)爱奥尼式；(c)科林斯式

图 1-2　帕提农神庙内景

2. 古罗马时期

古罗马建筑继承并发展了古希腊建筑的特点，当时的室内装饰已经十分成熟，尤其是壁画，已呈现多种风格，有的在墙和柱面上用石膏仿造彩色大理石板镶拼的效果；有的用色彩描绘具有立体感的建筑形象，从而获得扩大空间的效果；有的则强调平面感和纯净的装饰等，这些成为当时室内装饰的主要特点。

以古罗马为代表的室内装饰设计多以古典柱式(塔斯干式、多立克式、爱奥尼式、科林斯式)以及家具、古瓶桂冠、花饰等构成室内空间的主情调。

3. 欧洲中世纪

基督教在欧洲中世纪得到繁荣发展，其建筑装饰主要表现在以基督教为代表的宗教建筑上，它具有三种不同建筑风格——拜占庭建筑、罗马建筑和哥特式建筑。拜占庭建筑以华丽的彩色大理石贴面和玻璃马赛克顶画、粉画作为主要室内装饰特色；罗马建筑以典型的罗马拱券结构为基础，创造了高直、狭长的教堂内部空间，强化了空间的宗教氛围；哥特式建筑是在罗马式基础上发展演变而成，它在拱形的基础上进行了变形，变成了尖拱，并使尖拱成为带有柱拱的框架式(图1-3)。图1-4所示为兰斯大教堂，狭长高耸的中厅空间和嶙峋峻峭的骨架结构营造了强烈向上的动势，体现了神圣的基督精神，而色彩斑斓的彩色玫瑰窗，又为教堂增添了一份庄严与艳丽。

4. 文艺复兴时期

公元15世纪初，以意大利为中心展开的文艺复兴运动将建筑装饰推向一个新高潮。文艺复兴运动强调以人权代替神权，提倡人文主义，并使建筑、雕刻、绘画等艺术取得了辉煌的成就。室内装饰在古希腊和古罗马风格的基础上加上东方和哥特式装饰形式，并采用新的表现手法，把建筑、雕塑、绘画紧密地结合在一起，创造出一种既气势稳健又华丽高雅的室内装饰效果。这一时期建筑装饰最明显的特征是重新采用体现和谐与理性的古希腊和古罗马时期的柱式构图要素，并将人体雕塑、大型壁画、线型图案的铸铁饰件等用于室内装饰，几何造型成为主要的室内装饰母题，圣彼得大教堂就是该时期的代表（图1-5）。

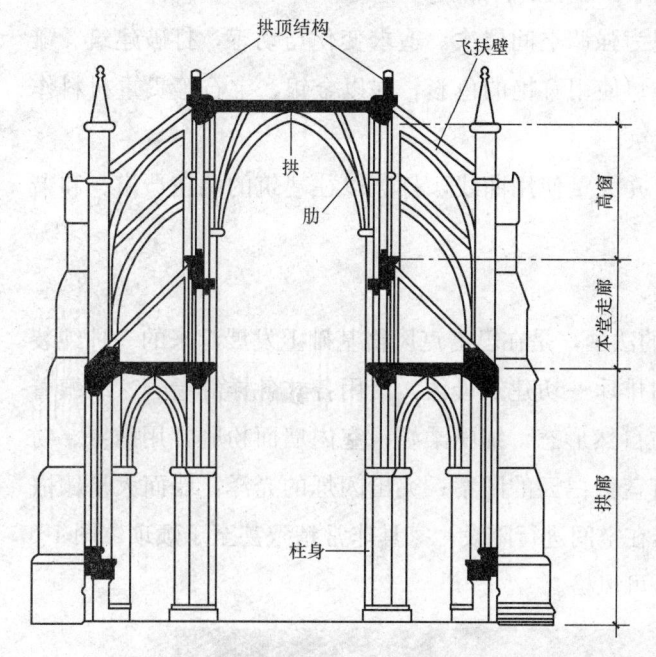

图1-3 哥特式建筑

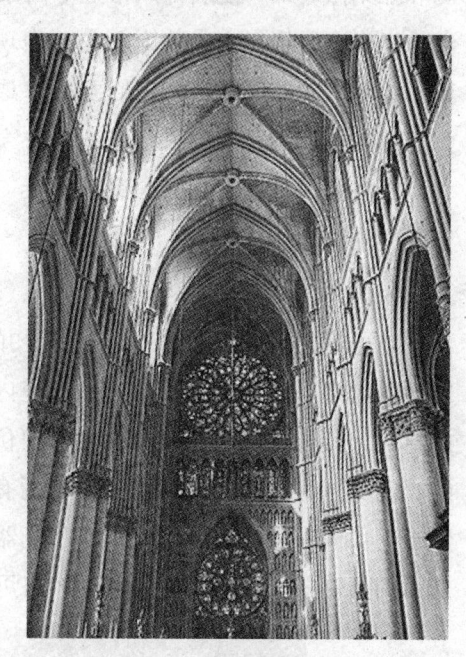

图1-4 兰斯大教堂

图1-5 圣彼得大教堂

5. 巴洛克风格

到了 16 世纪中期，西方的建筑装饰逐渐演变为巴洛克风格，其形式以浪漫主义精神为基础，在构思上和古典主义的端庄、高雅、静态、理智针锋相对，倾向于热情、华丽和动态的美感。其常用大理石、华丽多彩的织物、华贵的地毯、多姿曲线的家具以及精美的油画和雕刻做装饰，使装饰风格显示出豪华、富丽的特点。

巴洛克风格在室内装饰上主要表现为强调空间层次，追求变化与动感，打破建筑、雕刻、绘画之间的界限，使它们互相渗透；使用鲜艳的色彩，并以金银、宝石等贵重材料作为装饰，营造出奢华的风格和欢快的气氛。

巴洛克风格标新立异、追求新奇，并大量使用曲线，打破以往建筑的端庄严肃、和谐宁静的规则。

6. 洛可可风格

洛可可建筑风格起源于 18 世纪初的法国，是在巴洛克风格基础上发展起来的一种纯装饰性的风格。其特点可归结为：在室内排斥一切建筑母体，使用各式各样舒卷着、纠缠着的草叶、贝壳、棕榈等装饰题材，模仿自然形态，细腻柔媚；室内墙面粉刷常用嫩绿、粉红、玫瑰红等鲜艳的浅色，顶棚常画有蓝天白云的图案；突出闪烁的光泽，墙面大量镶嵌镜子，顶棚常悬挂玻璃吊灯，常用瓷器在空间进行陈设；家具非常精致甚至于烦琐。图 1-6 所示的苏比兹府邸客厅即为典型的洛可可风格。

图 1-6 苏比兹府邸客厅

7. 18 世纪下半叶到 19 世纪末

18 世纪下半叶到 19 世纪末，新古典主义、浪漫主义、折中主义三种形式的复古思潮再次兴起。新古典主义重新采用古典柱式，提倡自然的简洁和理性的规则，几何造型再次成为主要的装饰形式，并开始寻求功能的合理性。浪漫主义以追求中世纪的艺术形式和异国情调为表现形式，尤其以复兴哥特式建筑为主。折衷主义没有固定程式，任意模仿历史上的各种风格或自由组合，但讲究比例，追求纯形式的美。

(三)近现代建筑装饰设计

20世纪初，以格罗皮乌斯为代表的"包豪斯运动"使现代装饰设计得到了空前的发展。包豪斯学派主张理性法则，强调实用的功能因素，充分体现工业成就，建筑装饰设计也随之以新的理念受到人们的重视，推崇在装饰设计上追求恰当、适可而止。这一时期，表现主义、风格派等一些富有个性的艺术风格也对建筑装饰艺术的变革产生了激发作用。设计思想、创作活动的活跃，以及设计教育的发展，促使现代主义设计成为占主导地位的设计潮流。

现代主义设计思想的影响广泛而深远。以格罗皮乌斯、密斯·凡·德罗、勒·柯布西耶、赖特为代表的一些具有现代主义设计思想的建筑大师，在建筑和室内设计领域以及家具设计方面做出了卓有成效的探索和创新。尽管他们的设计思想不尽相同，创作手法各异，但都创作了很多影响较大的优秀建筑作品，形成了各自的独特的设计风格，为现代设计的发展做出了卓越的贡献。20世纪后期，现代设计不断发展和创新，新的思想理论、新的风格流派不断涌现，建筑装饰明显表现出多元化发展态势。

20世纪50年代末，出现了一股修复古旧建筑的热潮，这些重新焕发青春的古旧建筑也从侧面反衬出现代建筑的平庸和缺乏吸引力。人们自然又重新激发对装饰的热情，力图从中发掘出某种精神力量，从而重新估量装饰在现代设计中的作用和地位，并研究其原则和理论。这种对昔日装饰风格的浓厚兴趣已导致建筑装饰设计对特色和丰富细部的追求，体现如今缤纷斑斓和错综复杂的视觉效果。

到20世纪60年代，建筑界形成一股装饰热潮，被称为装饰主义、装饰美学或"后现代派"。后现代派打破了历史上各种不同风格的基本装饰原则，在哥特式、巴洛克式等古典风格中，装饰的功用是加强或补充被装饰的结构主体，而装饰主义的装饰则往往和被装饰的结构主体关系不大，甚至喧宾夺主。

(四)建筑装饰设计的发展趋势

随着社会的发展和科学技术的进步，建筑装饰设计表现出以下几个发展趋势：

(1)相对独立性增强。建筑装饰设计作为独立学科，其相对独立性日益增强，同时，其与多种学科交叉、结合的趋势也日益明显。

(2)继续多元化发展道路。受当今社会意识形态、文化、生活方式多元化发展的影响，建筑装饰设计趋向于多层次、多风格的发展趋势。

(3)艺术与技术结合得更加紧密。设计、施工、材料、设施、设备之间的协调和配套关系加强，且日趋规范化。

(4)动态发展趋势。为适应现代社会生活，建筑装饰工程往往需要周期性更新，且更新周期较短，甚至改变建筑的使用性质。因此，未来装饰工程将对在设计、构造、施工方面优先采用标准化构件、拆装方便的构造、装配式施工以及干作业施工等提出更多、更高的要求。

(5)可持续发展趋势。保护人类共同的家园、走可持续发展的道路是当今世界共同的主题。

三、建筑装饰设计的作用

建筑装饰设计在建筑中的作用，主要体现在以下几个方面：
(1)强化建筑及建筑空间的性格，使不同类型的建筑各具性格特征。
(2)强化建筑及建筑空间的意境和气氛，使建筑及建筑空间更具情感和艺术感染力。
(3)弥补结构空间的缺陷和不足，强化建筑的空间秩序。
(4)美化建筑的视觉效果，给人以直观的视觉美的享受。
(5)保护建筑主体结构的牢固性，延长建筑的使用寿命。
(6)增强建筑的物理性能和设备的使用效果，提高建筑的综合使用功能。

第二节　建筑装饰设计的目的与意义

一、建筑装饰设计的目的

建筑装饰设计的目的主要表现在两个方面：一是物质需求方面，使空间功能更加合理，并利用现代建筑技术，改善室内物理环境，使人们的生产、生活活动更加安全、舒适、高效；二是精神需求方面，塑造具有强烈精神感受的视觉空间环境，以求视觉和精神上的审美效果，使人们在有限的空间内获得无限的精神享受。

建筑设计并不局限于视觉环境的装饰美化，其属于装潢美术这一范畴，是将科学、艺术和生活结合而形成的统一体。其以精神建设为"体"，以物质建设为"用"，共同提高人类的物质生活水平和精神生活价值。显然，追求人性化的生活环境是建筑装饰设计的最高境界和最终目标。

二、建筑装饰设计的意义

建筑装饰设计必须做到以物质为用，以精神为本，以有限的物质条件创造出无限的精神价值。例如，在建筑装饰设计中，通过得体的饰面处理，合理的家具、陈设的选择，良好的通风、采光和上下水的配置，满足人们物质使用功能方面的需要；此外，装饰设计在对室内外环境空间的布置、分隔的处理、形式美法则的运用以及建筑色彩的选配等方面所进行的处理，使人身心得到平衡，情绪得到调解，感官得到愉悦，从而满足了精神品格方面的需求。

有人认为，建筑装饰设计就是豪华材料的堆砌。而事实上，不分场合的挥霍，是背弃设计宗旨的。作为设计者，在任何装饰设计工作中，首要的任务是在经济许可的条件下去选择最佳设计方案和选择最佳材料，并使之与功能、环境气氛相协调，这才是一个设计者所应追求的目标。

第三节　建筑装饰设计的内容与分类

一、建筑装饰设计的内容

建筑装饰设计的内容包括室外环境设计、室内环境设计、家具设计、效果设计、技术要素设计和材料选择。

1. 室外环境设计

室外环境设计包括建筑外部设计和建筑外部空间环境设计。它通过对建筑外部形体的再创作，以及对室外环境小品的处理，使该建筑能更好地体现建筑功能的特征，并与外部空间场所的气氛相协调。

2. 室内环境设计

室内环境设计主要包括对空间构成和动线的研究。对空间构成的研究是指在人的生活和心理需求以及其他功能需求的基础上，对室内的实在空间、视感空间、虚拟空间、心理空间、流通空间、封闭空间等加以合理的筹划，确定空间的形态、序列以及各个空间之间的分隔、联系、过渡的处理方法。对于动线的研究，则根据人在室内空间中的活动，对空间、家具、设备等进行合理的安排，从而使人在室内的移动轨迹符合距离最短、最简便、不同时交错这三项基本要求。

3. 家具设计

对于一定的室内空间，只有通过配置适应各种目的的家具，才能体现室内的功能。家具是人们工作、学习和生活的必需用具，也是人们生活中最直接的生活物品之一。家具设计在建筑装饰设计中包括家具自身的设计和家具在室内的组织与布置两个方面。家具自身的设计必须以满足使用、提供舒适性为目标，同时，由于家具在室内空间所占的视觉比例较大，因此，其造型、风格在很大程度上影响着空间环境的气氛。家具在室内的组织与布置，对室内使用的空间效果起实质性的作用。

4. 效果设计

建筑装饰效果设计包括色彩设计、照明设计和陈设设计三个方面。

(1)色彩设计。色彩设计是对整体环境色彩的综合考虑,包括整体的色彩基调、明度、冷暖色、对比色的运用等。进行色彩设计时,首先要考虑空间的色调,是明亮的还是偏暗的,是冷色调还是暖色调,是具有活泼感的还是体现沉稳感的。然后,为实现这样的效果,则须考虑具体的配色(如同一色相、类似色相、明调、暗调等),并选择适宜的地毯、油漆等实际素材,以达到整体调和的目的。

(2)照明设计。照明设计包括确定照明的方式、照度的分配、光色灯具的选用等。

在进行照明设计时,应在充分研究被照对象的形象特征、空间的性质与使用目的、观者的动机和情绪、视环境中的信息内容与容量、环境气氛创造的要求、光源本身的特性等因素的基础上,对照明的方式、照度的分配、照明用的光色以及灯具本身的样式等做出合理的安排。

(3)陈设设计。包括确定室内工艺品、艺术品以及相关的陈设品、装饰织物、绿化小品和水体、山石等的选用与布置。

5. 技术要素设计

技术要素设计,是指在建筑装饰设计中要处理好通风、采暖、温湿调节、通信、消防、隔噪、视听等诸多技术要素。随着科技的发展,建筑装饰设计中的技术要素所占的比重越来越大,它们在多方面影响着建筑环境的安全性和舒适性。

6. 材料选择

材料的选择包括依材性对材料的理性选择和依材质对其效果的感性选择。通常,材料的合理选择是实现造型设计与色彩设计的根本措施,也是表现光线效果和材质效果的重要基础。换言之,材料选择的正确与否直接关系到装饰设计与制作的整体成败;无论是对生活机能还是对形式的表现,都将产生极大的影响。

二、建筑装饰设计的分类

1. 按装饰空间位置分类

建筑装饰设计按空间位置可分为室内建筑装饰设计和室外建筑装饰设计,室外建筑装饰设计又可分为建筑外部装饰设计和建筑外部环境设计。

2. 按建筑装饰内容分类

建筑装饰设计按其内容可分为主体结构装饰设计、家具与室内陈设设计、纺织品设计、色彩设计、装饰照明设计、绿化与小品设计等,其中主体结构装饰设计主要包括地面、墙面(隔断)、顶棚的装饰设计。

3. 按建筑类型分类

根据建筑类型的不同,建筑装饰设计可分为居住类装饰设计和公共类装饰设计,如图1-7所示。

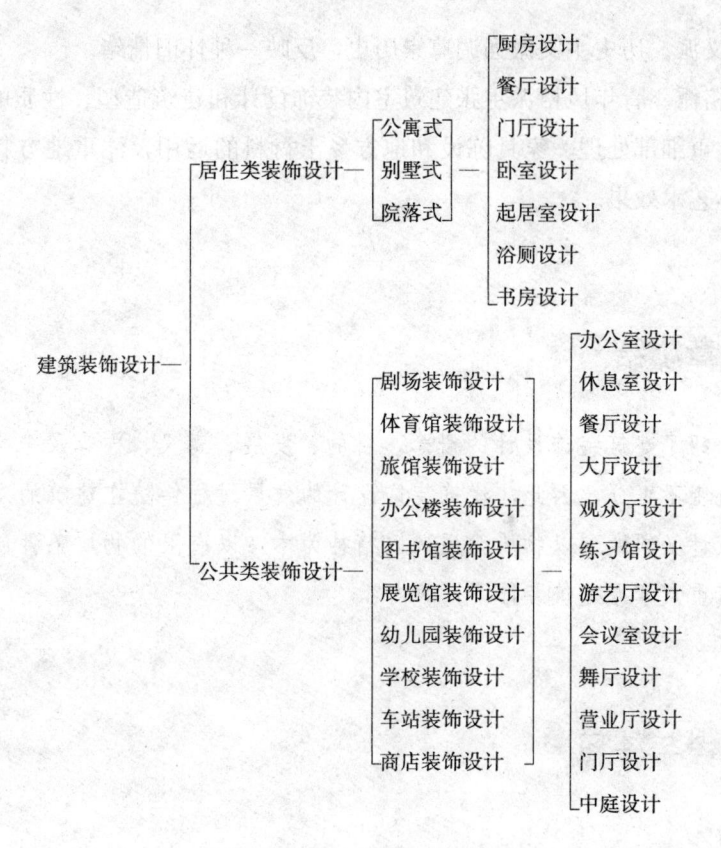

建筑装饰设计
├─ 居住类装饰设计 ─┬─ 公寓式
│   ├─ 别墅式 ─┬─ 厨房设计
│   └─ 院落式   ├─ 餐厅设计
│   ├─ 门厅设计
│   ├─ 卧室设计
│   ├─ 起居室设计
│   ├─ 浴厕设计
│   └─ 书房设计
└─ 公共类装饰设计 ─┬─ 剧场装饰设计   ┬─ 办公室设计
                   ├─ 体育馆装饰设计   ├─ 休息室设计
                   ├─ 旅馆装饰设计   ├─ 餐厅设计
                   ├─ 办公楼装饰设计   ├─ 大厅设计
                   ├─ 图书馆装饰设计   ├─ 观众厅设计
                   ├─ 展览馆装饰设计   ├─ 练习馆设计
                   ├─ 幼儿园装饰设计   ├─ 游艺厅设计
                   ├─ 学校装饰设计   ├─ 会议室设计
                   ├─ 车站装饰设计   ├─ 舞厅设计
                   └─ 商店装饰设计   ├─ 营业厅设计
                                       ├─ 门厅设计
                                       └─ 中庭设计

图 1-7　建筑装饰设计分类

依据建筑类型进行分类的目的在于使设计者明确建筑空间的使用性质，以便进行设计定位。居住类建筑装饰设计是以满足人们居住需要为目的而进行的设计，主要包括起居室、卧室、浴厕、书房、餐厅、厨房、门厅等部分的装饰设计。观演建筑的表演空间则对声、光等物理环境方面的设计要求较高。即使是空间的使用功能相同，如门厅、过厅、电梯厅、盥洗室、接待室、会议室等，也会因建筑的使用性质不同而有所不同，如环境气氛、设计标准等。

4. 按现代建筑装饰设计主要流派分类

(1)平淡派。平淡派主张室内设计中的空间及空间关系是建筑的主角，重视材料的质感和本色，反对功能以外的纯视觉装饰，在色调上强调单一，其塑造的环境效果往往给人以平淡、刻板、沉寂、缺少活力的感觉。

(2)烦琐派。烦琐派力求夸张，同时具有堆砌、矫揉造作、富有戏剧性的装饰效果，主张利用现代科学技术条件，充分反映现代工业生产的特点。

(3)纯艺术派(超现实派)。纯艺术派的基本倾向是追求所谓超脱现实的纯艺术，力求在有限的空间内，通过反射、渗透等手段扩大空间感，达到虚幻的、无限的空间感受。

(4)现代派。现代派又称主技派。重点强调时代感，反映工业成就，推崇"机器美"，喜欢暴露结构形式和装修质地以及各种设备和管道。

(5)历史主义派。历史主义派强调尊崇历史,反映一种怀旧情绪。

(6)青年风格派。青年风格派主张建筑室内装饰设计和建筑造型、性质的统一协调,内部装饰简洁,注重细部处理、家具陈设和地方乡土材料的运用,注重地方特色,讲究建筑内外造型的整体艺术效果。

本章小结

本章主要介绍了建筑装饰设计的概念、目的、发展、意义、内容及分类等内容。建筑装饰设计与建筑密不可分,因此,建筑装饰设计的发展过程伴随在建筑的发展演变过程之中。建筑装饰设计必须做到以物质为用,以精神为本,以有限的物质条件创造出无限的精神价值。本章应重点掌握建筑装饰设计的内容。

思考与练习

一、填空题

1. 建筑装饰设计即通过_____和_____,为满足人们生产、生活活动的物质需求和精神需求而进行的_____的创造设计活动。

2. 建筑装饰设计的目的主要表现在两个方面:一是_____,二是_____。

3. 建筑装饰设计的内容包括_____、_____、_____、_____、_____和_____。

4. 建筑装饰设计按其内容可分为_____、_____、_____、_____、_____等。

二、选择题

1. 中国古建筑中木构架建筑体系已基本形成的时期是在(　　)。

　　A. 战国时期　　　　B. 秦汉时期　　　　C. 魏晋南北朝　　　　D. 隋唐五代

2. 下列属于文艺复兴时期建筑装饰特征的是(　　)。

　　A. 性格鲜明、比例恰当、逻辑严谨的柱式和山花部位的精美雕刻成为主要的外部装饰

　　B. 多以古典柱式以及家具、古瓶桂冠、花饰等构成室内空间的主情调

　　C. 建筑装饰主要表现在以基督教为代表的宗教建筑上

　　D. 将人体雕塑、大型壁画线型图案的铸铁饰件等用于室内装饰

3. 对空间构成和动线的研究属于(　　)。

　　A. 室外环境设计　　B. 室内环境设计　　C. 家具设计　　　　D. 技术要素设计

4. 下列属于现代派建筑装饰设计特点的是(   )。
   A. 主张室内设计中空间及空间关系是建筑的主角,重视材料的质感和本色
   B. 力求在有限的空间内,通过反射、渗透等手段扩大空间感,达到虚幻的、无限的空间感受
   C. 重点强调时代感,反映工业成就,推崇"机器美"
   D. 注意细部处理、家具陈设和地方乡土材料的运用

三、简答题
1. 建筑装饰设计的发展有哪些趋势?
2. 建筑装饰设计有哪些作用?
3. 建筑装饰效果设计包括哪些内容?
4. 在建筑装饰设计中应怎样选择材料?
5. 按现代建筑装饰设计主要流派,建筑装饰设计可分为哪几类?

第二章　建筑装饰设计与人体工程学

学习目标

通过对本章的学习，熟悉建筑装饰设计的构成要素、原则及依据；掌握建筑装饰设计的方法与设计程序；了解人体工程学的基本概念；掌握静态尺度与动态尺度的内涵；熟悉人体尺度与空间关系及人体尺度与家具的关系。

能力目标

通过对本章的学习，能够理解建筑装饰设计的构成要素、原则及依据；具备建筑装饰设计能力；学会运用人体工程学中的人体尺度资料。

第一节　建筑装饰设计基础

一、建筑装饰设计的构成要素

在各种建筑装饰设计中，设计师主要通过空间、光影、色彩、材料、界面及陈设等装饰设计要素的综合运用，创造出满足不同功能和不同空间环境要求的建筑空间。

1. 空间要素

空间是建筑装饰设计的主导要素。空间的基本构成要素是点、线、面、体，可以用来构筑和限定空间，对室内外空间环境进行组织、调整和再创造。空间组织设计应对原建筑物的总体布局、功能分析、人流组织以及结构体系等，尤其是对各类建筑的改建做充分了解，空间组织设计可以发展或改变建筑的功能，使之更合理、更实用。

2. 光影要素

光是人们生活、工作不可缺少的条件，也是人们感知外界的前提条件，光影也是建筑装饰设计中重要的构成要素。光分为自然光和人工光（人工照明）。自然光以及其所形成的阴影，可使建筑的体量、质感、色彩等更加强烈与丰富，可使建筑室内充满生机和活力。随着现代照明技术的发展，人工照明不但能提供良好的光照条件，而且在此基础上可利用光的表现力及光影效果，增加空间层次，丰富空间内容，强化空间装饰风格，渲染空间气氛。

3. 色彩要素

色彩是在装饰设计中最为生动和活跃的因素，它最具视觉冲击力，能引起人们的视觉反应。色彩使人们通过视觉感受而产生生理、心理和物理方面的效应，进一步形成丰富的联想、深刻的寓意和象征。色彩存在的基本条件有光源、物体、人的眼睛及视觉系统。有了光才会有色彩，光和色密不可分。在装饰设计中，人们常常利用色彩表达个性、情感，渲染调节空间气氛，美化空间环境。

4. 材料要素

建筑材料为建筑空间环境的形成提供了基本的物质条件，材料直接影响着装饰的效果和使用。材料各方面的性能（安全性、耐久性、方便性等）将直接影响空间环境的特质和完善。由此，设计者应对材料有充分的认识，通过敏锐的感觉、丰富的经验，恰当地选择与应用建筑装饰材料。

5. 界面要素

空间要依靠界面来构筑和限定。地面、墙面、顶棚等界面不仅标示了空间的形态、容量、尺度、比例及相互关系，还直接关系到使用效果、环境气氛和经济效益等重要问题，尤其是饰面材料的选用，除满足使用功能的要求外，其色彩与质地对环境气氛的形成具有至关重要的作用。

6. 陈设要素

陈设是室内必不可少的"装饰品"，其范围广泛，内容丰富，大体可分为功能性陈设（家具、灯具、电器等）和装饰性陈设（玩具、艺术品、工艺品等）两大类。功能性陈设是指本身具有一定用途兼有观赏功能的实用品，如家具、灯具、电器等；装饰性陈设是指本身没有实用价值而纯粹作为视觉观赏的装饰品，如工艺品、字画等。在建筑空间中，陈设往往与人的活动息息相关，陈设品又有极强的装饰性，对增加空间情趣、强化装饰风格等都能起到举足轻重的作用。

绿化是一种特殊的陈设。绿化不仅可以改善室内小气候，而且可以使空间环境充满自然气息，起到柔化空间的作用，令人赏心悦目，放松身心，调节身心平衡。

二、建筑装饰的设计原则

随着生活水平的提高和科学技术的进步，人们对建筑空间环境提出了更高的要求，现代建筑装饰设计必须依据环境、需求的变化而不断调整。在设计过程中，影响设计的因素很多，如人为因素、地域因素、技术因素、建筑与环境的关系因素、经济因素等。设计师应综合考虑以下几个基本设计原则。

1. 经济适用原则

建筑装饰设计的过程是复杂的，但创造能满足人们物质生活和精神生活需要的建筑空间环境是其最终的目标，因此，在设计过程中，应以满足人的活动需要为核心。

建筑活动要有其建造目的和使用需求，在建筑中称为功能，现代建筑要满足各种复杂功能需求，这就是产生各种类型现代建筑的根据。不同的功能要求不同的空间形式，如居室、教室、办公室、会议室、阅览室、展览室等。

在以人为本的前提下，要综合解决使用功能合理、安全便捷、舒适美观、工作高效、经济实用等一系列问题，要具有使用合理的室内空间组织和平面布局，提供符合使用要求的室内声、光、热效应，以满足室内环境物质功能的需要，符合安全疏散、防火、卫生等要求；同时，应具有造型优美的空间构成和界面处理，宜人的光、色和材质配置，符合建筑物性能的环境气氛，以满足室内环境精神功能的需要。另外，还应采用合理的装修构造和技术措施，选择合适的装饰材料和设施设备，使其具有良好的经济效益。

2. 物质文明与精神文明并重原则

在现代社会，随着生活水平的提高，人类精神文明的程度达到空前高度，并且日益渗透到人类生活的各个领域，所以，建筑装饰设计除必须满足物质生活需求外，还必须满足人的精神生活需求。在设计中，不应仅局限于视觉环境的创造，还应综合考虑声、光、热等物理环境，空气质量环境，心理环境等。因为建筑环境是由建筑空间组织、视觉环境、物理环境、空气质量环境、心理环境等各方面共同构筑的，是一个有机的整体。只有从环境的整体性出发，才能真正创造出美观、舒适的建筑环境。

3. 时代感与历史文脉并重原则

纵观建筑历史，建筑的发展在一定程度上反映出当代社会的物质生活和精神生活的特征。现代建筑装饰设计与古代、近代建筑装饰设计的不同之处是它置身于现代科学技术的背景之下，因此，要使现代建筑装饰设计具有更高的效能，使实质环境的舒适度提高，就必须最大限度地利用科学现代技术的最新成果。

与此同时，现代建筑装饰设计更应该在尊重历史的前提下体现时代精神，在设计中应根据现代人的行为模式、审美情趣和价值观念，积极运用新型装饰材料、结构技术、施工工艺、设备等现代科学技术手段，创造出满足现代人工作、学习、生活需要的建筑环境。更应在设计中灵活运用一些设计处理手法来表现民族特性和地方特色，延续和发展历史文化。

4. 个性化原则

个性化原则是建筑装饰设计中客观存在的事实，取决于设计者的修养和洞察力以及一定的设计技巧。由于大多建筑的使用目的、业主要求、工程造价等不尽相同，所以设计者若能客观正确、综合地处理好它们之间的关系，其设计作品就会有不同的个性。

5. 动态发展原则

现代社会瞬息万变，随着当今科学技术日新月异的发展、社会生活节奏的加快、人们生活方式的不断变化，建筑的功能趋于复杂和多变，建筑装饰材料、施工工艺、设施设备甚至门窗等构配件更新换代的速度也越来越快，而且社会流行趋势和时尚潮流也促使人们的审美情趣不断变化，继而影响对建筑装饰风格和环境气氛的要求，从而促使建筑装饰的更新周期日益缩短。因此，在设计中，必须考虑随着时间的推移，使用功能、装饰材料、设施设备等改变的可能性，应在空间组织、平面布局、构造做法、设备安装等方面留有更新、改造的余地，把设计的功能要求、依据因素、审美要求等放在一个动态发展的过程中去认识和对待。

三、建筑装饰的设计依据

1. 建筑类型

设计师在进行建筑装饰设计时，要考虑建筑的类型，例如是商店还是医院，是旅馆还是住宅，是公用还是私用，是较为喧闹的还是较为宁静的，是对内的还是对外的等，不同的建筑会有不同的功能，功能既是装饰设计的根本要求，也是装饰设计的主要依据。

2. 人体尺度及活动空间范围

人体的尺度，是指人在完成各种动作时的活动范围，包括人流量的多少，停留时间的长短，居住时期的长短等，这些是设计师确定建筑构配件、建筑空间尺度的基本依据。人体尺度及人体活动空间范围是装饰设计的主要依据之一。建筑装饰设计不仅需要对人体静态尺度和人体的动态活动范围进行研究，还需要从人们的心理感受角度进行考虑，设计满足人们心理需求的最佳空间范围。

3. 家具设备及其使用空间范围

在建筑空间内，除了人的活动外，占据空间的主要是家具、设备、陈设等物品。对于家具、设备，除其本身的尺寸外，还应考虑安装、使用这些家具设备时所需的空间范围，这样才能发挥家具、设备的使用功能，而且使人用着方便、用得舒适，进而提高工作效率。

4. 建筑结构、构造形式及设备条件

建筑装饰设计是在已有空间的基础上进行的二次创造，建筑空间原有的结构形式、构造做法、设备条件等影响甚至决定了装饰设计的方案，如房屋的结构形式、柱网尺寸、楼面的板厚梁高、水电暖通等管线的设置情况等，都是进行装饰设计时必须了解和考虑的。只有了解和掌握这些制约因素，才能充分利用原有空间和设备条件，创造最佳的设计方案。

5. 设计规范、设计标准

现行的国家、行业及地方的相关设计标准、设计规范等也是建筑装饰设计的重要依据之一，如《商店建筑设计规范》(JGJ 48—2014)、《建筑内部装修设计防火规范》(GB 50222—1995)等，这些对建筑装饰有重大的影响和制约。

6. 投资限额、施工工期

对建筑装饰设计来说，投资限额、建设标准以及施工工期等，都是影响和制约建筑装饰设计的因素。在同一建筑空间，不同的设计方案，其工程造价可以相差几倍甚至几十倍。由于投资方的投资、工程施工期限等的不同，在装饰设计中，同一类型的空间会有不同的装饰效果。另外，投资方对建筑装饰风格的欣赏取向，对装饰色彩和装饰物的品种、造型、图案的喜恶，也是建筑装饰设计的重要依据。

7. 其他限制条件

建筑装饰设计还会受到其他条件的限制，如周围建筑的形式、色彩、装饰水平等，以及总体规划提出的限制性要求、基地施工条件限制等。

第二节 建筑装饰设计方法与设计程序

一、建筑装饰设计方法

建筑装饰的设计方法要在遵循设计原则的基础上进行选择，同时注意以下几个问题：

(1)立意创新。立意即设计的总体构思，创新即打破传统的构思思路，融入新的设计思想，立意创新是做好设计的先决条件。因此，在具体设计时，首先要确立一个总体构思，最好是构思比较成熟后再动笔；时间紧迫时，也可以边动笔边构思，但随着设计的深入，应使立意逐步明确，尽量不要随便否定最初的立意。

(2)细部入手，逐步深入。随着设计的展开，很多细部问题会凸显出来，如平面功能分区、流线组织、界面造型、家具陈设的选配等。装饰设计就是要从这些细部问题入手，并在解决这些细部问题的过程中逐步深入。细部问题需要根据空间使用性质、人体工程学、相关设计规范和总体立意等反复推敲。

(3)树立整体观念。在建筑装饰设计中，要树立起整体观念，注意处理好局部与整体的关系。对局部问题要深入研究，反复推敲，同时，要服从于整体设计，以确保整个设计既变化丰富，又协调统一。

二、建筑装饰设计程序

建筑装饰设计的程序一般可分为设计前期阶段、方案设计阶段、施工图设计阶段、设计施工阶段和施工监理阶段。

1. 设计前期阶段

设计前期阶段的工作主要是了解建设方(业主)的意向，分析、明确设计任务和要求，现场考察、收集资料，确定设计思路等。

(1)必须详细了解建设方(业主)对设计的要求，包括设计的功能要求、使用对象、级别档次、投入资金、风格、形式、设计期限等。

(2)分析、明确设计任务和要求，掌握所要解决的问题和设计目标。如设计任务中的使用性质、功能特点、设计规模、总造价、等级标准以及所需创造的空间环境和艺术风格等。

(3)现场考察。到现场了解地形、地貌和建筑周围的自然环境及地理环境，进一步了解建筑的性质、功能、造型特点和建筑风格。对于有特殊使用要求的空间，要进行具体调查，确保设计准确。

(4)设计基础资料的收集，包括项目所处的环境、自然条件、场地关系、建筑施工图纸、建筑施工情况。在没有图纸的情况下，必须深入了解该建筑的修建年代、结构方式、局部构造等。同时，必须对当地建筑装饰材料的品种、质量和价格有所了解。

2. 方案设计阶段

方案设计包括方案构思、方案深化、绘制图纸、方案评价优选等。

(1)方案构思，是在设计前期进行的创作过程，包括目标定位、技术定位、人机界面定位、预算定位等。

(2)方案深化，是在明确的方案构思基础上，对平面布置的关系，空间的处理以及材料的选用，家具、照明和色彩等，做出进一步的考虑，以深化设计构思。

(3)绘制图纸，主要包括：

①平面图(包括家具布置)，常用比例为1∶50，1∶100；

②立面图和剖面图，常用比例为1∶20，1∶50；

③顶棚镜像平面图或仰视图，常用比例为1∶50，1∶100；

④效果图；

⑤装饰材料实样版面。

(4)方案评价优选，对不同构思的几个方案，进行功能、艺术效果以及经济方面的比较，以确定正式实施的设计方案。

3. 施工图设计阶段

施工图设计阶段是按照国家有关绘图要求，对初步设计进行进一步完善、补充、深化和细化，如设计节点详图、细部大样图及设备管线图等，并编制施工说明，包括深化完善设计方案、与各相关专业的协调以及完成建筑装饰设计施工图三部分的内容。

方案设计完成后，应与水、电、暖、通等专业共同协调，确定相关专业的平面布置位置、尺寸、标高及做法要求，使之成为施工图设计的依据。

4. 设计施工阶段

设计施工阶段主要任务是：在施工前，设计人员应及时向施工单位介绍设计意图，解释设计说明及图样的技术交底；在施工阶段，要按照设计图样进行核对，并根据现场实际情况进行设计的局部修改和补充；施工结束后，应协同质检部门和建设单位进行工程验收。

5. 施工监理阶段

在建筑装饰工程整个施工过程中，设计人员应与监理单位代表一起做好施工监理工作。

施工监理工作的主要内容包括对施工方在用材、设备选订、施工质量等方面实行监督，完善设计图纸中未完成部分的构造做法，处理各专业设计在施工过程中产生的矛盾，完成局部设计的变更或修改，按阶段检查工程质量，并参与工程竣工验收工作。

第三节 人体工程学

人体工程学，又称"人类工程学""人体工学"或"人类工学"。它是一门研究人与机器及环境关系的技术科学，是以人的心理学、解剖学和生物学为基础，综合多种学科研究人与环境的各种关系，使生产器具、生活器具、工作环境、生活环境等与人体功能相适应的一门综合性学科。人体工程学兴起于第一次世界大战期间，发展并成熟于第二次世界大战后至20世纪60年代。

从建筑设计的角度来说，人体工程学是研究人及相关的物体（机械、家具、工具等）、系统及其环境，使其符合人的生理、心理和解剖学特性，从而改善工作、生活环境，提高舒适性和效率的边缘学科。简单来讲，是一门为解决在人、机、环境系统中，人的工作效率和健康等问题提供理论与方法的学科。从装饰设计的角度讲，运用人体工程学的目的，就是从人的生理和心理方面出发，使室内外的环境因素能够充分满足人的活动的需要，从而提高使用效能，获得较为理想的生活环境。

一、人体尺度

人体尺度是建筑装饰设计的最基本的依据。只有客观地掌握了人体四肢活动的尺度和范围，才能准确地把握人在活动过程中所能承受的负荷以及生理、心理等方面的变化情况。

（一）人体尺度的种类

人体尺度从形式上可分为两类：静态尺度和动态尺度。

1. 静态尺度

静态人体的构造尺度，是人体处于固定的标准状态下测量的。图2-1所示是我国成年男、女中等人体地区的人体各部分平均尺寸。

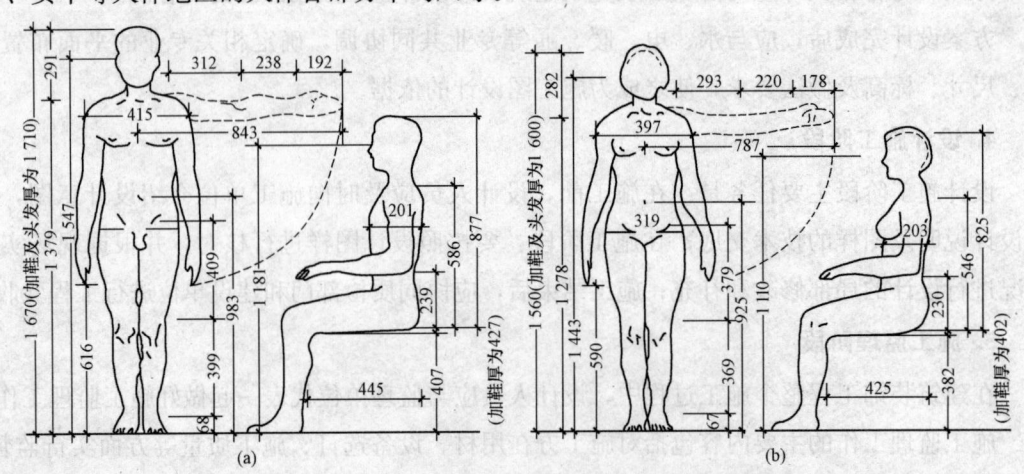

图2-1 我国成年男、女在中等人体地区的人体各部分的平均尺度（单位：mm）
(a) 人体基本尺寸（成年男子）；(b) 人体基本尺寸（成年女子）

人体尺寸在个人之间和群体之间存在很多差异,影响人体尺寸的因素主要有种族、地区、年龄、性别、职业、环境等。我国不同地区人体各部分平均尺寸见表2-1。

表2-1　我国不同地区人体各部分平均尺寸　　　　　　　　　　　mm

序号	部位	较高人体地区(冀、鲁、辽) 男	较高人体地区(冀、鲁、辽) 女	中等人体地区(长江三角洲) 男	中等人体地区(长江三角洲) 女	较低人体地区(四川) 男	较低人体地区(四川) 女
1	人体高度	1 690	1 580	1 670	1 560	1 630	1 530
2	肩宽度	420	387	415	397	414	966
3	肩峰至头顶高度	293	285	291	282	285	269
4	正立时眼的高度	1 513	1 474	1 547	1 443	1 512	1 420
5	正坐时眼的高度	1 203	1 123	1 181	1 110	1 144	1 078
6	胸廓前后径	200	200	201	203	205	220
7	上臂长度	308	291	310	293	307	289
8	前臂长度	238	220	238	220	245	220
9	手长度	196	184	192	178	190	178
10	肩峰高度	1 397	1 295	1 379	1 278	1 345	1 261
11	1/2上骼展开全长	869	795	843	787	848	791
12	上身高长	600	561	586	546	565	524
13	臂部宽度	307	307	309	319	311	320
14	肚脐高度	992	948	983	925	980	920
15	指尖到地面高度	633	612	616	590	606	575
16	上腿长度	415	395	409	379	403	378
17	下腿长度	397	373	392	369	391	365
18	脚高度	68	63	68	67	67	65
19	坐高	893	846	877	825	800	793
20	腓骨头的高度	414	390	407	328	402	382
21	大腿水平长度	450	435	445	425	443	422
22	肘下尺寸	243	240	239	230	220	216

2. 动态尺度

动态尺度也叫构造尺寸,是指人在进行某种活动时肢体所能达到的空间范围,是在运动的状态下测得的。

　　人的活动大体上分为手足活动和身体移动两大类。手足活动是指人在原姿势下只有手足部分的活动，身躯位置并没有变化，手动、足动各为一种。身体移动包括姿势改换、步行等。其中，姿势改换、步行又集中在正立姿势与其他可能的姿势之间的改换，也是手足活动的过程。动态人体的基本尺寸如图2-2～图2-4所示。

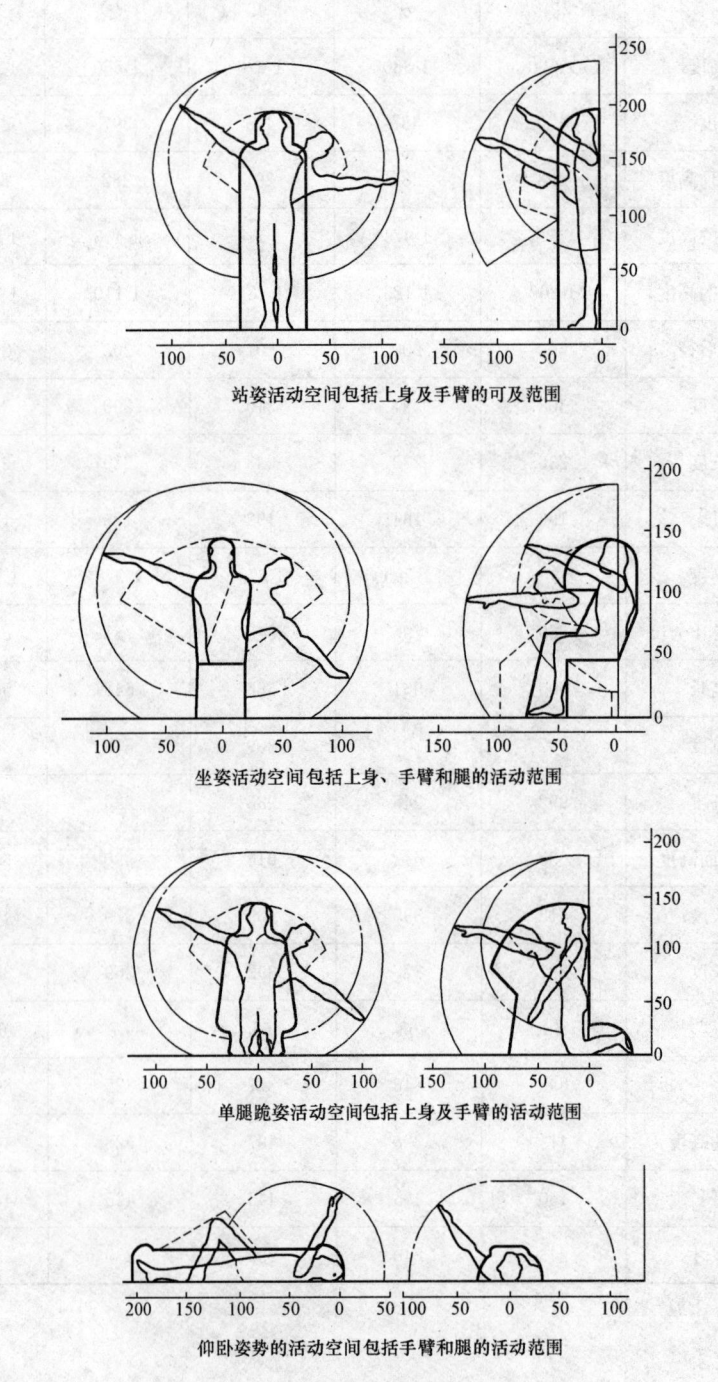

站姿活动空间包括上身及手臂的可及范围

坐姿活动空间包括上身、手臂和腿的活动范围

单腿跪姿活动空间包括上身及手臂的活动范围

仰卧姿势的活动空间包括手臂和腿的活动范围

图2-2　常见动作域尺寸（一）（单位：mm）

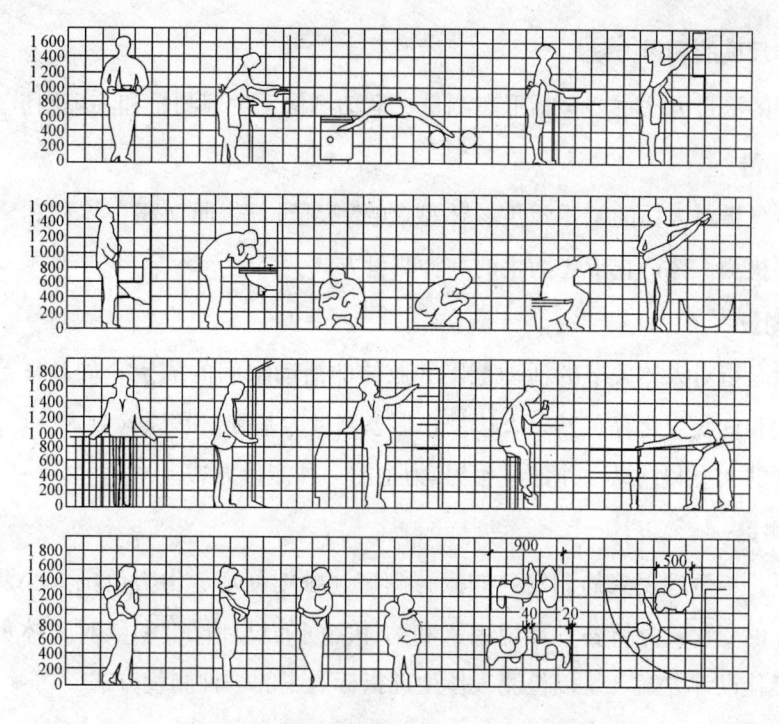

图 2-3 常见动作域尺寸(二)(单位：mm)

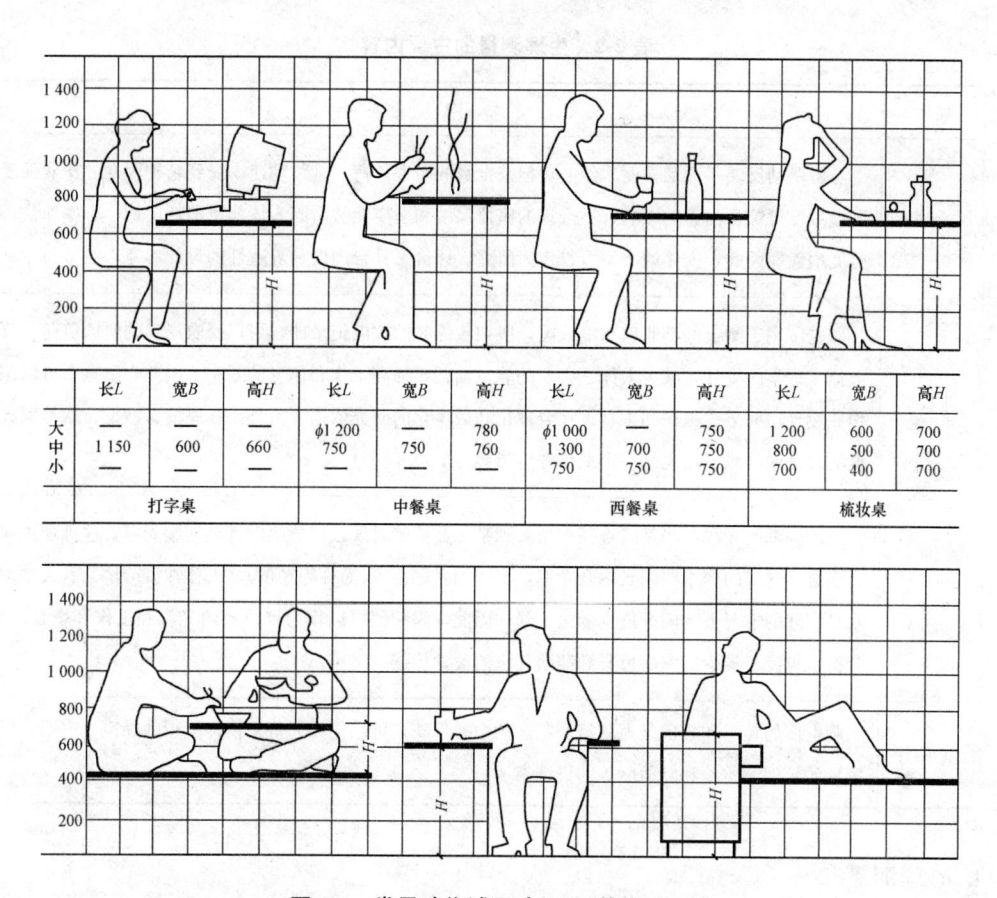

	长L	宽B	高H	长L	宽B	高H	长L	宽B	高H	长L	宽B	高H
大	1 150	600	660	φ1 200	—	780	φ1 000	—	750	1 200	600	700
中	—	—	—	750	750	760	1 300	700	750	800	500	700
小	—	—	—	—	—	—	750	750	750	700	400	700
	打字桌			中餐桌			西餐桌			梳妆桌		

图 2-4 常见动作域尺寸(三)(单位：mm)

(二)人体尺度的测量方法

人体尺度的测量方法主要包括形态测量、运动测量、生理测量和心理测量。

1. 形态测量

形态测量是指对人体的基本尺度、体型(包括廓径)、表面面积、体积和质量等所进行的测量,是以检测人体静止形态为主的一种测量方式。

2. 运动测量

运动测量是指对人体关节的活动范围和肢体的活动空间的测定,如动作范围、动作过程、形体变化和皮肤变化等,其以人体静止形态测量为基础,是以检测人体的动作过程(如四肢活动范围的大小和操纵动作的过程等)为主的一种测量方式。

3. 生理测量

生理测量是指生理现象的测定,如疲劳测定、触觉测定、出力范围大小测定等,通过测量生理指标的变化,分析各种环境因素和物体之间的设计尺度参数对人体负荷与疲劳的影响,研究最佳设计方案,是以检测人体生理指标为主的一种测量方式。

生理测量的主要内容见表2-2。

表2-2 生理测量的主要内容

序号	项目	内容
1	心率	心脏跳动反映了劳动强度、作业负担及全身的生理负荷,其跳动速率受到精神因素、作业强度和环境温度等综合因素的影响,不合理的座椅尺度和坐姿能够引起人体能量消耗增加、心率加快、疲劳度增大,因此,人体的心率可以作为研究、评价家具合理性和舒适性的设计参考
2	肌电图	肌电图用于测量局部肌肉收缩放电。肌肉收缩时的放电记录曲线可以反映局部的肌肉负荷。符合人体工程学的设计,减少人体不必要的能量消耗,提高工作和休息的效率。因此,肌电图可以作为作业设计、姿势、机械和工具设计合理化和最优化的研究依据。另外,在座椅、沙发、床等家具尺度的设计中,肌电图也是一个最佳评价指标
3	闪频值	对于闪烁的光源,当其闪烁频率增大到某一数值的时候,就能感觉其是连续光源,这种现象叫闪光融合,这时的频率叫闪光融合频率,也叫闪光融合值(简称闪频值)。人体在疲劳增大、大脑意识水平下降的情况下,闪频值也随之下降,因此,闪频值可以作为评价室内光源和工作环境合理性、分析精神疲劳最少的室内色彩和照明环境的设计依据
4	脑电图	脑电图的频率和幅值是大脑清醒状态的主要反映,可以作为评价室内环境中的噪声、室温,以及家具的尺度、质地和舒适度等的设计参考

4. 心理测量

心理测量常用的方法有两点识别法、身体局部症状问卷法、语义微分法和问卷调查法。

(1)两点识别法。此方法就是用两个小针同时刺激皮肤表面,当两个刺激点的间距足够小时,人就会感觉刺激的部位是同一个点;逐渐拉开刺激距离,当人体能够识别出不在同一点而是两点的时候,这两个刺激点的距离叫两点识别阈值(表2-3),这个数值随着人体疲劳程度的增加而增大。由于两点识别阈值根据身体部位的不同而不同,同时又随人体的疲劳程度而发生变化,因此,在进行相关设计时,可以利用两点识别法来测量人体的疲劳程度,以作为产品舒适度的设计参考。

表 2-3 两点识别阈值的参考标准　　　　　　　　　　　　　　　　mm

身体部位	颊骨、额头	舌端	唇的红部	颈、胸	背中央、上臂	前臂
两点识别阈值	23	1	5	54	68	40
身体部位	膝盖及周围	脚拇指背侧	手背	下肢	脚后侧	指尖
两点识别阈值	36	11	31	40	54	5

(2)身体局部症状问卷法。当人们长时间使用身体的局部进行作业,或者常常保持同一姿势作业时,会感到局部疲劳或产生痛觉。局部症状问卷法就是针对这种情况提出的。将身体分成许多小块区域,在作业前和作业后对这些部位进行问卷调查,将感觉不舒适或疼痛的区域号(即部位)做相应记录,然后进行分析,其结果可用于改善作业姿势和作业设计。

(3)语义微分法。此方法就是将人的心理感受、印象和情绪等进行尺度化、数量化,采用双级形容词配对,组成问卷调查表,之间用7点或5点定位,反映不同程度的主观印象(表2-4)。语义微分法可以对数值进行统计、分析和处理,获得各种特征参数,从而达到心理情绪数量化测量评价的目的。如室内照明、温湿度、家具舒适度等都可以通过语义微分法进行评价研究,从而获得最佳设计方案和设计标准。

表 2-4 语义微分法的点位确定

很暗	暗	较暗	一般	较亮	亮	很亮
−3	−2	−1	0	1	2	3

(4)问卷调查法。实施问卷调查法的流程依次是明确课题目的、确定调查对象、确定调查项目和设置问题、确定调查实施方法和问卷形式、调查实施、误填和漏填检查,以及统计分类、分析处理。问卷调查法的具体实施方法及特点见表2-5。

表 2-5 问卷调查法的方法和特点

方法	特　点
邮寄调查法	将调查表邮寄给调查对象,范围大,回收率低
委托调查法	委托其他机关,回收率高,受制约

续表

方法	特　点
放置调查法	将调查表放置于某一地点，可信度低
集合调查法	省时省力，集合难，受情绪影响
跟踪调查法	对同一对象按照一定时间间隔连续调查

通过实施问卷调查法，可以获得相关的经验和知识，验证其他方法测得的结果；也可以将在各种环境条件下的物理量与在此条件下人的主观感觉量进行对照比较，从而得出舒适的环境标准；还可用于各种测量仪器基准值的确定。问卷调查的结果可以作为评价空间舒适度、室内气氛、颜色匹配和产品的印象、疲劳感等方面的参考。

(三) 人体尺度的应用

1. 人体尺寸的应用原则

人体尺寸各不相同，为了使人体测量数据能有效地为设计者利用，在应用人体测量数据时，对这些数据的定义、应用条件、选择依据等进行列表，见表2-6。

表2-6　主要人体尺寸的应用原则

人体尺寸	应用条件	百分位选择	注意事项
身高	用于确定通道和门的最小高度。然而，一般建筑规范规定的和成批生产制作的门和门框高度都适用于99%以上的人，所以，这些数据对于确定人头顶障碍物的高度更为重要	由于主要的功用是确定净空高度，所以应该选用高百分位数据。因为天花板高度一般不是关键尺寸，设计者应考虑尽可能地适应100%的人	身高一般是不穿鞋测量的，在使用时应给予适当补偿
立姿眼高	可用于确定在剧院、礼堂、会议室等处人的视线，用于布置广告和其他展品，用于确定屏风和开敞式大办公室内隔断的高度	百分位的选择将取决于关键因素的变化。例如：如果设计中的问题是决定隔断或屏风的高度，以保证隔断后面人的私密性要求，那么隔离高度就应与较高个子人的眼睛高度有关(第95百分位或更高)。其逻辑是假如高个人不能越过隔断看去，那么矮个子人也一定不能。反之，假如设计问题是允许人看到隔断里面，则逻辑是相反的，隔断高度应考虑较矮人的眼睛高度(第5百分位或更低)	由于这个尺寸是光脚测量的，所以还要加上鞋的高度，男子大约需加2.5 cm，女子大约需加7.6 cm。这些数据应该与脖子的弯曲和旋转以及视线角度资料结合使用，以确定不同状态、不同头部角度的视觉范围

续表

人体尺寸	应用条件	百分位选择	注意事项
肘部高度	对于确定柜台、梳妆台、厨房案台、工作台以及其他站着使用的工作表面的舒适高度，肘部高度数据是必不可少的。通常，这些表面的高度都是凭经验估计或是根据传统做法确定的。然而，科学研究发现，最舒适的高度是低于人肘部高度 7.6 cm。另外，休息平面的高度应该低于肘部高度 2.5~3.8 cm	假定工作面高度确定为低于肘部高度约 7.6 cm，那么从 96.5 cm（第 5 百分位数据）到 111.8 cm（第 95 百分位数据）这样一个范围都将适合中间的 90%的男性使用者。考虑到第 5 百分位的女性肘部高度较低，这个范围应为 88.9~111.8 cm，才能对男女使用者都适应。由于其中包含许多其他因素，如存在特别的功能要求和每个人对舒适高度见解不同等，所以这些数值也只是假定推荐的	确定上述高度时必须考虑活动的性质，有时这一点比推荐的"低于肘部高度 7.6 cm"还重要
挺直座高	用于确定座椅上方障碍物的允许高度。在布置双层床时，要进行节约空间的创新设计，例如利用阁楼下面的空间吃饭或工作都要由这个关键尺寸来确定其高度，确定办公室或其他场所的低隔断要用到这个尺寸，确定餐厅、酒吧、火车的座位隔断也要用到这个尺寸	由于涉及间距问题，采用第 95 百分位的数据是比较合适的	座椅的倾斜、座椅软垫的弹性、衣服的厚度以及人坐下和站起来时的活动都是要考虑的重要因素
放松座高	可用于确定座椅上方障碍物的最小高度。在布置双层床，要进行节约空间的创新设计时，例如利用阁楼下面的空间吃饭或工作，都要根据这个关键尺寸来确定其高度，确定办公室和其他场合的低隔断要用到这个尺寸，确定餐厅和酒吧、火车的座位隔断也要用到这个尺寸	由于涉及间距问题，采用第 95 百分位的数据是比较合适的	座椅的倾斜、座椅软垫的弹性、衣服的厚度以及人坐下和站起来时的活动都是要考虑到重要因素
坐姿眼高	当视线是设计问题的中心时，确定视线和最佳视区要用到这个尺寸，这类设计对象包括剧院、礼堂、教室和其他需要有良好视听条件的室内空间	假如有适当的可调节性，就能适应从第 5 百分位到第 95 百分位或者更大的范围	应该考虑本书其他章节所论述的头部与眼睛的转动范围、座椅软垫的弹性、座椅面距地面的高度和可调座椅的调节范围

· 27 ·

续表

人体尺寸	应用条件	百分位选择	注意事项
坐姿的肩中部高度	大多数用于机动车辆中比较紧张的工作空间的设计,很少被建筑师和室内设计师所使用。但是,在设计那些对视觉、听觉有要求的空间时,这个尺寸有助于确定妨碍视线的障碍物,也许在确定火车座的高度以及类似的设计中有用	由于涉及间距问题,一般使用第95百分位的数据	要考虑座椅软垫的弹性
肩宽	肩宽数据可用于确定环绕桌子的座椅间距和影剧院及礼堂中的排椅座位间距,也可用于确定公用和专用空间的通道间距	由于涉及间距问题,应使用第95百分位的数据	使用这些数据要注意可能遇到的变化。要考虑衣服的厚度,对薄衣服要附加7.6 mm,对厚衣服要附加7.9 mm。还要注意,由于躯干和肩的活动,两肩之间所需的空间会加大
两肘之间宽度	可用于确定会议桌、餐桌、柜台和牌桌周围座椅的位置	由于涉及间距问题,应使用第95百分位的数据	应该与肩宽尺寸结合使用
臀部宽度	这些数据对于确定座椅内侧尺寸和设计酒吧、柜台和办公座椅极为有用	由于涉及间距问题,应使用第95百分位的数据	根据具体条件,与两肘之间宽度和肩宽结合使用
肘部平放高度	与其他一些数据和考虑因素结合,用于确定椅子扶手、工作台、书桌、餐桌和其他特殊设备的高度	肘部平放高度既不涉及间距问题,也不涉及伸手够物的问题,其目的只是能使手臂得到舒适的休息即可。选择第50百分位左右的数据是合理的。在许多情况下,这个高度在14~27.9 cm之间,这样一个范围可以适合大部分使用者	座椅软垫的弹性、座椅表面的倾斜以及身体姿势都应予以注意
大腿厚度	是设计柜台、书桌、会议桌、家具及其他一些室内设备的关键尺寸,而这些设备都需要把腿放在工作面下面。特别是有直拉式抽屉的工作面,要使大腿与其上方的障碍物之间有适当的间隙,这些数据必不可少	由于涉及间距问题,应使用第95百分位的数据	在确定上述设备的尺寸时,其他一些因素也应该同时予以考虑,例如腿弯高度和座椅软垫的弹性

续表

人体尺寸	应用条件	百分位选择	注意事项
膝盖高度	确定从地面到书桌、餐桌和柜台底面距离的关键尺寸，尤其适用于使用者需要把腿部放在家具下面的场合。坐着的人与家具底面之间靠近程度，决定了膝盖高度和大腿厚度是否为关键尺寸	要保证适当的间距，故应选用第95百分位的数据	要同时考虑座椅高度和坐垫的弹性
腿弯高度	确定座椅面高度的关键尺寸，对于确定座椅前缘的最大高度非常重要	确定座椅高度，应选用第5百分位的数据，因为如果座椅太高，大腿会受到压力，使人感到不舒服。例如一个座椅高度能适应小个子人，也就能适应大个子人	选用这些数据时必须注意坐垫的弹性
臀部至腿弯长度	这个长度尺寸用于座椅的设计中，尤其适用于确定腿的位置、确定长凳和靠背椅等前面的垂直面以及确定椅面的长度	应该选用第5百分位的数据，这样能适应最多的使用者——臀部至膝腘部长度较长和较短的人。如果选用第95百分位的数据，则只能适合这个长度较长的人，而不适合这个长度较短的人	要考虑椅面的倾斜度
臀部至足尖长度	用于确定椅背到膝盖前面的障碍物之间的适当距离，例如，用于影剧院、礼堂和做礼拜的固定排椅设计	由于涉及间距问题，应选用第95百分位的数据	如果座椅前方的家具或其他室内设施有放脚的空间，而且间隔要求比较明确，就可以使用臀部膝盖长度来确定合适的间距
臀部至脚后跟长度	对于室内设计人员来说，此数据的使用是有限的，当然，可以利用它布置休息室座椅或不拘小节地就座。另外，还可用于设计搁脚凳、理疗和健身设施等综合空间	由于涉及间距问题，应选用第95百分位的数据	在设计中，应该考虑鞋、袜对这个尺寸的影响，一般对于男鞋要加上2.5 cm，对于女鞋则加上7.6 cm
坐姿垂直伸手高度	主要用于确定头顶上方的控制装置和开关等的位置，所以较多地被专业设备的设计人员所使用	选用第5百分位的数据是合理的，这样可以同时适应小个子人和大个子人	要考虑椅面的倾斜度和椅垫的弹性

· 29 ·

续表

人体尺寸	应用条件	百分位选择	注意事项
立姿垂直手握高度	可用于确定开关、控制器、拉杆、把手、书架以及衣帽架等的最大高度	由于涉及伸手够东西的问题，如果采用高百分位的数据就不能适应小个子人，所以设计出发点应该基于适应小个子人，这样也同样能适应大个子人	尺寸是不穿鞋测量的，使用时要给予适当的补偿
立姿侧向手握距离	有助于设备设计人员确定控制开关等装置的位置，它们还可以为建筑师和室内设计师用于某些特定的场所，例如医院、实验室等。如果使用者是坐着的，这个尺寸可能会稍有变化，但仍能用于确定人侧面的书架位置	由于主要的功用是确定手握距离，这个距离应能适应大多数人，因此，选用第5百分位的数据是合理的	如果涉及的活动需要使用专门的手动装置、手套或其他某种特殊设备，这些都会延长使用者的一般手握距离，对于这个延长量应予以考虑
手臂平伸手握距离	有时人们需要越过某种障碍物去够一个物体或者操纵设备，这些数据可用来确定障碍物的最大尺寸。本书列举的设计情况是在办公室工作桌前面的低隔断上安装小柜	选用第5百分位的数据，这样能适应大多数人	要考虑操作或工作的特点
人体最大厚度	尽管这个尺寸对设备设计人员更为有用，但它们也有助于建筑师在较紧张的空间里考虑间隙或在人们排队的场合下设计所需要的空间	应该选用第95百分位的数据	衣服的厚薄、使用者的性别及一些不易察觉的因素都应予以考虑
人体最大宽度	可用于设计通道宽度、走廊宽度、门和出入口宽度以及公共集会场所等	应该选用第95百分位的数据	衣服的厚薄、人走路或做其他事情时的影响以及一些不易察觉的因素都应予考虑

2. 人体尺寸在建筑装饰设计中的应用

人体尺寸在建筑装饰设计中的应用如表2-7所示，设备、用具高度推算法如表2-8所示。

表2-7 人体尺寸在建筑装饰设计中的应用

序号	项目	内容
1	立姿人体尺寸的应用	(1)立姿身高常用来确定建筑物高度，设备高度，车厢、机舱、船舱高度，立姿使用的用具高度，危区防护栏高度，床的长度及服装的长度等。立姿身高是计算人体各部分相关尺寸与设备高度的基础。 (2)立姿眼高常用来确定立姿操作时机械仪表的高度、数控机床控制显示屏幕的高度和需要被视看的对象等的高度。 (3)立姿肩高、肘高、桡骨点高、中指指尖高、手功能高、中指指尖举高、双臂功能上举高、肩宽、最大肩宽、上肢长、全臂长、上臂长、两臂展开宽、两臂功能展开宽和两臂肘展开宽等尺寸，主要用来确定作业空间的最大范围、正常范围和最佳范围，以及各种操纵控制器、各种显示器、各种操纵控制台、精密操作平台、机床工作面的高度，操作手柄、手轮的高度，车床的中心高度，物料放置位置，床宽，桌高，方桌边长和圆桌直径等
2	坐姿人体尺寸的应用	(1)坐高、坐姿上肢最大前伸长、坐姿肩宽、坐姿肘高、坐姿下肢长等尺寸，主要用来确定坐姿作业所需的作业空间的最大范围、正常范围、最佳范围，设备、控制器分布位置，精密作业平台、各种操纵控制台和放物料的位置等。 (2)坐姿眼高常用来确定坐姿操作时各种机械仪表的高度和需要被视看对象的位置等。 (3)坐姿膝高、坐姿大腿厚等尺寸，常用于确定设备、控制台、工作台、桌子等的容膝空间尺寸。 (4)小腿加足高、坐深、坐姿臀宽等尺寸主要用来确定各种工作椅、沙发、床铺等的有关尺寸
3	头、手、足尺寸的应用	人体头围、手长、手宽、手握围、足长、足宽、足围的尺寸，常用来设计头盔、各种手柄、杠杆、踏脚板、楼梯梯级深度、帽子、手套、靴子、鞋袜等
4	用身高推算设备、用具高度	以人体身高为基准，根据设计对象高度与人体身高一般的比例关系推算出作业面的高度、设备高度和用具高度，如表2-8所示

表2-8 设备、用具高度推算法

序号	设计对象	设备用具高度/身高	序号	设计对象	设备用具高度/身高
1	举手达到的高度	3/4	5	遮挡住直立姿势视线的搁板	33/34
2	可随意取放东西的搁板高度(上限值)	7/6	6	立姿眼高	11/12
3	倾倒地面的顶棚高度(最小值，地面倾斜度为5°~15°)	8/7	7	抽屉高度(上限值)	10/11
			8	使用方便的搁板高度(上限值)	6/7
4	楼梯的顶棚高度(最小值，地面倾斜度为25°~35°)	1/1	9	斜坡大的楼梯的顶棚高度(最小值，倾斜为50°左右)	3/4

续表

序号	设计对象	设备用具高度/身高	序号	设计对象	设备用具高度/身高
10	能发挥最大拉力的高度	3/5	19	使用方便的搁板高度(下限值)	3/8
11	人体中心高度	5/9	20	桌下空间(高度的最小值)	1/8
12	立姿时工作面高度	6/11	21	工作椅高度	3/13
13	坐高(坐姿)	6/11	22	轻度工作的工作椅高度	3/14
14	灶台高度	10/19	23	小憩用的椅子高度	1/6
15	洗脸盆高度	4/9	24	桌椅高度	3/17
16	办公桌高度	7/17	25	休息用椅的高度	1/6
17	垂直踏板爬梯的空间尺寸(最小值,倾斜80°~90°)	2/5	26	椅子扶手高度	2/13
			27	工作用椅子的椅面至靠背面的距离	3/20
18	手提物的高度(最大值)	3/8			

二、人体尺度与空间关系

人和家具、墙壁以及人和人之间的关系是影响人体尺度与空间关系的主要因素。休息空间内家具布置的多少、人员的多少是影响休息空间活动空间大小的因素。即使是同样大小的空间，根据是否有人穿越，其空间布置也不相同。空间的大小，主要取决于人的数量及人的活动方式。人体尺度与空间关系最为密切，家具、空间的使用功能对空间的尺度也有较大的影响。

(一)人体工程学在室内空间中的作用

人体工程学在室内空间中的作用，主要表现在以下几个方面：

(1)为确定人在室内活动所需空间提供主要依据。根据人体工程学中的有关计测数据，应从人的尺度、动作域、心理空间以及人际交往的空间等，确定空间范围。这样在室内空间组织和分隔时，把动态的、"无形"的，甚至是通过视觉所看到的空间形体对人们心理感受等因素综合考虑，以确定室内活动的所需空间。

(2)为家具设计提供依据。家具是能起到支承、储藏和分隔作用的器具，是构成室内环境的基本要素。家具的主要功能就是实用，是为人提供舒适、方便、安全、美观的器具。家具设计的基准点就在人体上，即要根据人体各部分的需要以及使用活动范围来确定。

(3)提供适应人体的室内物理环境的最佳参数。室内物理环境主要有室内热环境、声环境、光环境、重力环境、辐射环境等，在把握以上科学参数后，在设计时就会做出正确的决策。

(4)对视觉要素的计测为室内视觉环境设计提供科学依据。人眼的视力、视野、光觉、色觉是视觉的要素，人体工程学通过计测得到的数据，为室内光照设计、室内色彩设计、视觉最佳区域等提供了科学的依据。

(二)室内空间尺度与空间形式

1. 室内空间尺度

人体活动空间的尺度是适应行为要求的室内空间尺度，是一个整体的范围，也是动态的尺寸。它主要包括满足人在空间不变的前提下，使涉及的环境行为的活动范围得以合理的规划，创造出适应人们生理需求、行为需求和心理需求的空间范围。根据室内环境的行为表现，室内空间可分为大空间、中空间和小空间等不同的活动空间范围。

(1)大空间指公共行为空间，如体育馆、营业厅、商场等。其特点是易于处理好个体行为的空间关系，在这个空间里的个人空间基本是等距的，空间具有尺度大和开放的特点。

(2)中空间指事务行为空间，如办公室、教室等。空间既开放又具有私密性，是在以满足个人空间的前提下，设计公共事务行为的空间。

(3)小空间是个体行为的空间，如卧室、书房、经理室等，具有较强的私密性和小空间的特色，主要以满足个体的行为为目的。

2. 室内空间形式

不同的空间形式可以产生不同的视觉效果，因此对于空间形状的细致把握非常重要。

(1)结构空间：将结构作为艺术处理的设计对象，可以展示空间的特殊效果。

(2)封闭空间：采用实体墙分隔空间，减少室内空间中的虚界面，可以产生较好的私密性和神秘感。

(3)开敞空间：采用通透、半通透的装饰材料分隔空间，增加室内空间中的虚界面，可在视觉上给人以强烈的开放感。

(4)共享空间：公共场所及交往空间。

(5)流动空间：通过电动扶梯和变化的灯光效果可给人以流淌的空间感觉。

(6)迷幻空间：通过特殊的造型和装饰设计可产生空间的神秘感。

(7)子母空间：在大空间中设计小空间，通过这种处理手法能够丰富空间的层次感。

三、人体尺度与家具

无论是人体家具还是储存型家具，都必须满足使用要求，使其符合人体的基本尺寸和从事各种活动所需要的尺寸。

(一)人体基本动作分析

在室内空间环境中，家具与人体的接触最为密切，家具的舒适度可以直接影响人体的各项活动。在家具设计中，对人体动作的研究主要包括以下几方面的内容：

(1)立。人体最基本的一种动作姿势就是站立，站立由骨骼和无数关节支撑。当人体在站姿下进行各种活动时，人体的骨骼和肌肉都处于变换和调整状态中，如果人们长期处于某一种单一状态，其某部分关节和关联肌肉就会处于紧张状态，导致身体疲劳。

(2)坐。人们站立一段时间后，容易导致腿部发麻、全身疲劳，这时人体就需要变换姿势。当人坐下休息时，人体的躯干结构就不能保持原有的平衡，必须倚靠适当的平面和靠背倾斜面以支撑和保持躯干的平衡，使骨骼和肌肉能够获得合理的放松。因此，座椅及相关配套家具设计的合理性直接影响人体坐姿的舒适度。

(3)卧。除了站姿和坐姿，人体大部分时间处于卧姿状态。躺卧是人体最好的休息方式，在卧姿状态下，人体脊椎的压迫状态能够得到真正的放松。因此，床垫的优劣直接影响人睡眠和休息的质量。

(二)人体尺度与家具的关系

下面以柜、橱、架、椅、桌、床等几种常用的家具为例，分析人体尺度与家具的关系。

1. 柜、橱、架

柜、橱、架的高、宽尺寸首先取决于储物的种类和方式，并以人伸手能够存取为原则。一般不宜超过1 800 mm。设计中还要考虑橱、柜的开启是否方便，悬吊式柜、架的下面另有家具时，可以低一些；如果下面没有其他家具，则应使其底面超过头顶，以免影响人在下面活动或通过。电视机柜的高度应保证屏幕的中心与观看者的视线高度大体一致。此外，还应考虑人在一般情况下存取物品的极限尺寸等情况。

2. 椅

椅属支承型家具。在现代化的室内环境设计中，椅子不仅仅是坐具，还要将其看作与地面一样是确定功能尺寸的基本点。它的设计基准点是人坐着时的坐骨结节点。这是因为，人在坐着时，肘的位置和眼的高度都是以坐骨结节点为基准来确定的。因此，可以根据这些基准点来确定椅子的前后、左右、上下几个方向的功能尺寸。

对于椅子的设计，不仅要满足美化室内环境的要求，更要使人感到舒适。在设计椅子时，与舒适度有关的几个因素主要有以下几点：

(1)确定坐面的高度。这是椅子最重要、最基本的尺寸。座高与人的小腿长度有关。实验表明，坐面过高会使两脚悬空，下肢血液循环不畅；坐面过低，大腿和小腿呈锐角，大腿的质量全靠小腿支撑，也会引起不适和疲劳感。因此，一般座高应保证大腿前部与座板之间有10~20 mm的空隙。

(2)确定合理的靠背。合理的背高能使人体保持平衡、稳定的坐姿，也可以分担部分身体的质量。不同类型和用途的座椅，其靠背高度是不同的。一般椅子的靠背高度宜在肩胛以下，这样既不影响人的上肢活动，又能使背部肌肉得到充分的休息。当然，对于一些工作椅或者是供人休息的沙发，其椅背的高度各不相同，有的只达到腰脊的上沿，有的可能达到人的头部或颈部。

座板与靠背的角度，也应视椅子的用途而定，一般椅子的夹角为90°~95°，而供休息用的沙发夹角可达100°～115°，甚至更大。

(3)确定合理的座深。座深主要根据大腿长度来决定。一般情况下，座深可比大腿的水平长度稍短几厘米。座深过小时，大腿前部悬空，将失去支撑面；座深过大时，小腿内侧就会受压，或者靠背与人的后脊形成空隙，起不到支撑后背的作用。

(4)确定脚踏板的位置。椅子的设计还必须考虑脚的自由活动空间，因为脚的位置决定了小腿的位置，应使小腿或者与上身平行，或者与大腿的夹角约为90°。因此，脚踏板的位置应摆在脚的前方或上方，方便脚的活动。

(5)确定扶手的合理位置。扶手高度的变化，会引起相应的肌肉活动强度的变化，当坐骨节点与扶手表面距离为24～25 cm时，肌肉的活动强度最多，扶手位置最恰当。对于人体上身主轴来说，扶手倾角以90°±20°为宜，至于扶手的左右角，则应前后平行或者前端稍有张开。

3. 桌

桌子与人体工程学的关系主要表现在要有合乎人体尺度的高度、宽度和长度，还要有能够使两腿在桌面之下自由活动的空间。其中，桌面的高度和长度是最重要的。确定这一尺寸的基本原则是：人要端坐、肩要放松，身体稍向前倾，并要有一个最佳的视距。桌子设计的基准点可以是人体，即以坐骨结节点为基准，桌面高度应是座面坐骨结节点到桌面的距离(即差尺)与座面高度(即椅高)之和；也可以以室内地面为基准点，其和人着地的脚跟有关，这时桌面的高度应是桌面到地面的距离。实验表明，过高的桌子会引起肩耸、脊柱侧变、肌肉疲劳、视力下降等弊病；过低的桌子会使两肩下垂，也会影响脊柱和视力。

桌子的高度计算可采用以下公式：

$$桌面高度＝椅高＋差尺＝椅高＋1/3(座高－10 \text{ mm})$$

$$椅子高度＝下腿高－10 \text{ mm}$$

通过上式，可以求得最佳的桌椅尺寸。适合我国人体的尺寸为：桌高700 mm，椅高400 mm。学生课桌高度可改为：

$$桌面高度＝椅高＋1/2(座高－10 \text{ mm})$$

4. 床

床的高度可以参照椅子的高度来确定，以满足人的需要为宜，一般在1 900～2 000 mm之间。床的宽度应以人仰卧时的尺寸为基础，再考虑翻身的需要和卧具的尺寸。研究表明，一个健康的人睡觉一夜要翻身20～40次，如果床的宽度过小，就会使人处于紧张状态，从而得不到充分的休息。一般单人床的宽度宜在900 mm左右，双人床的宽度宜在1 350 mm左右。

本章小结

本章主要介绍了建筑装饰设计基础、建筑装饰的设计方法与设计程序以及人体工程学三部分内容。在各种建筑装饰设计中，设计师主要是通过多种设计要素的综合运用，创造出满足不同功能和空间环境要求的建筑空间。建筑装饰的设计方法要在遵循设计原则的基础上，按照特定的程序进行。在装饰设计中需要运用人体工程学的知识，以提高室内空间使用效能，获得较为理想的生活环境。

思考与练习

一、填空题

1. 在各种建筑装饰设计中，设计师主要是通过_____、_____、_____、_____、_____及_____等设计要素的综合运用，创造出满足不同功能和空间环境要求的建筑空间。
2. 建筑装饰的设计原则有_____、_____、_____、_____、_____。
3. 建筑装饰设计的过程一般可分为_____、_____、_____、_____和_____。
4. 人体尺度从形式上可分为两类：一类为_____，另一类为_____。
5. 人体尺度的测量方法主要包括_____、_____、_____和_____。

二、选择题

1. 设计人员应及时向施工单位介绍设计意图，解释设计说明及图样的技术交底，这属于（　　）阶段的工作内容。

   A. 设计前期　　　B. 方案设计　　　C. 施工图设计　　　D. 设计施工

2. 动态尺度也叫构造尺寸，（　　）是指人在进行某种活动时肢体所能达到的空间范围。

   A. 静态尺度　　　B. 动态尺度　　　C. 固定尺度　　　D. 变动尺度

3. 一般椅子的夹角为（　　）。

   A. 60°~65°　　　B. 70°~75°　　　C. 80°~85°　　　D. 90°~95°

三、简答题

1. 建筑装饰的设计依据有哪些？
2. 建筑装饰的设计应注意哪几个问题？
3. 建筑装饰设计方案的设计阶段包括哪些内容？
4. 立姿人体尺寸的应用包括哪些内容？
5. 人体工程学在室内空间中的作用有哪些？
6. 在家具设计中，对人体动作的研究主要包括哪些内容？

第三章　建筑装饰设计与室内外空间

学习目标

通过对本章的学习，了解建筑室内空间环境的概念；熟悉建筑室内空间的构成和类型；掌握建筑室内空间的组织设计与建筑室外空间环境设计原则等。

能力目标

通过对本章的学习，能够理解室内空间的概念、构成及内容；具备室内空间组织设计能力；能够运用室外空间环境设计原则进行室外空间设计。

第一节　建筑室内空间

一、室内空间的概念

室内空间属于人工环境，是人类劳动的产物，相对于自然空间而言，是人类有序生活所必要的物质基础。人对空间的需要，是一个从低级到高级、从满足生活上的物质需求到满足心理上的精神需要的发展过程。建筑空间有室内和室外之分，但是在特定条件下，室内、外空间的界线似乎又不是那样分明。例如，四面敞开的亭子、透空的廊子、处于悬臂雨篷覆盖下的空间等，就不能严格区分是内部空间或外部空间。在一般情况下，人们常常以有无屋顶当作区分内、外部空间的标志。

构成建筑室内空间环境的各种因素如界面的造型、材质、色彩、光环境、家具、陈设、绿化等，都对室内空间环境有很大的影响。例如，同一室内空间，采用暖色调会有温馨、热情之感，采用冷色调则显得安宁、沉静，并有扩大空间的效果；大面积的落地玻璃窗，则可使室内空间开敞、通透，加强室内外空间的渗透和联系。室内空间设计必须满足功能与空间形式的要求，只具形式美而与实际需要相背离的空间毫无实际意义。例如，旅馆、公寓和住宅虽都有居住性功能，但它们的具体设计却各有特点、不尽相同。

1. 空间的主次关系

供人们从事特定活动的主要空间和辅助人们完成这一活动的从属空间之间的关系，即为空间主次关系，有效、合理地处理好空间的主次关系，包括空间的分区、空间的流通和环境因素处理等问题，是做好室内空间环境设计的关键。

2. 空间的分区与限定

室内空间不同于室外空间，室内空间面积是有限的，无论大小都有一个明确的范围。这种空间对人的视域、视距、视角、方位等均有一定的限制。就室内空间限定的强弱而言，有固定空间和可变空间之分。前者由楼地面、墙面和顶棚限定；后者则以前者为基础，常用家具、陈设等作为划分空间的设施和手段。

3. 空间的流通组织

人们在室内从事生产、生活、工作、学习，需要一定的活动空间，各种活动均有一定的活动方式，而人在室内空间中的动作幅度可以通过一定的数量统计方法，进行定性、定量的分析。这种统计与分析的过程可以理解为空间的流通组织，与空间流通组织紧密相关的是水平、垂直空间的合理组织。

4. 环境因素的处理

建筑环境与室内空间设计直接相关。建筑设计限定了室内的空间形式，室内空间关系的组合构成了建筑的基本形式。因此，在进行室内环境设计时，必须对建筑环境有深入的了解，以便及时发现问题，找出原有建筑空间与所要设计的室内空间效果的矛盾，找出可利用或可以发展的空间元素，以期达到因地制宜、因势利导、事半功倍的室内环境效果。

二、室内空间的特征

室内空间特征主要有大小、形状、方向、深度、质地、明暗等，如表3-1所示。

表3-1 室内空间特征

序号	项目	内容
1	室内空间大小	空间的大小包括几何空间尺度的大小和视觉空间的大小。前者不受环境因素的影响，几何尺寸大的空间显得大，相反，则显得小。而视觉空间尺度，无论在室外还是在室内，都是由比较而产生的视觉概念
2	室内空间形状	任何一个空间都有一定的形状，一般由基本的几何形经组合、变异而成。结合室内装修、灯光和色彩设计，可形成丰富多彩的室内空间
3	室内空间方向	通过室内空间各个界面的处理、构配件的设置和空间形态的变化，可使室内空间产生很强的方向感
4	室内空间深度	室内空间深度是指空间底部与顶部的空间距离，其大小会直接影响室内景观的景深和层次
5	室内空间质地	室内空间的质地主要取决于室内空间各个界面的质地。空间质地是各个界面共同作用、互相影响的结果，对室内环境气氛产生很大的影响
6	室内空间明暗	室内空间的明暗主要取决于对室内光环境、色环境，以及各个界面质地的艺术处理

三、室内空间的构成和类型

(一)室内空间的构成

室内空间主要由基面、顶面和垂直面构成。

1. 基面

基面通常是指室内空间的底界或底面,建筑上称其为"楼地面"或"地面"水平基面;水平基面的轮廓越清楚,其所划定的基面范围就越明确。

抬高基面:采用抬高部分空间的边缘形式以及利用基础质地和色彩的变化来达到这一目的。

降低基面:将部分基面降低,以明确一个特殊的空间范围,这个范围可用下降的垂直表面来确定。

2. 顶面

顶面是指室内空间的顶界面,建筑上称其为"天花"或"顶棚""天棚"等。

3. 垂直面

垂直面又称"侧面"或"侧界面",是指室内空间的墙面(包括隔断)。

(二)室内空间的类型

1. 固定空间和可变空间

固定空间是一种功能明确、空间界面固定的空间,因此可以用固定不变的界面围隔而成,如目前居住建筑设计中常将厨房、卫生间作为固定不变的空间,确定其位置,而其余空间可以按用户需要自由分隔。

可变空间则与此相反,为了能适合不同使用功能的需要而改变其空间形式,因此常采用灵活可变的分隔方式,如折叠门、可开可闭的隔断(图3-1),以及影剧院中的升降舞台、活动墙面、天棚等。

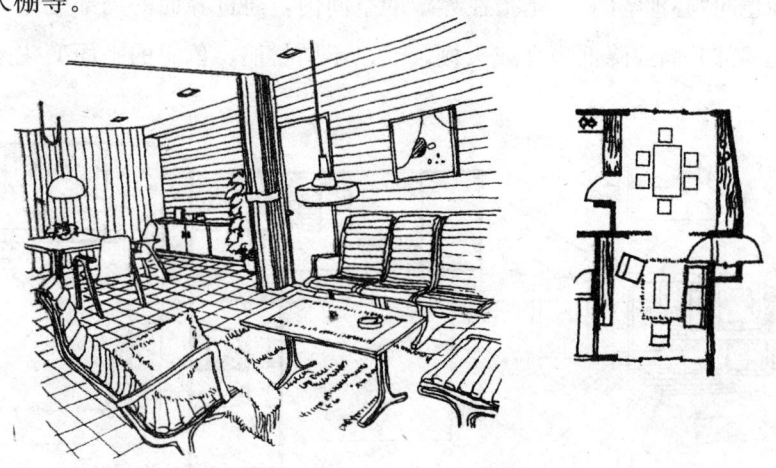

图 3-1 折叠式活动隔墙分隔空间

2. 动态空间与静态空间

动态空间往往具有空间的开阔性和视觉的导向性的特点。动态空间的创造一般可以有两种类型：一类是空间中由真正运动的要素所形成的动感，如移动的电梯、变化的灯光等；另一类是用静止物体创造动感。空间中绝大多数物体是静止不动的，但物理上的静并不等于视觉上的静，人们常常利用视错觉以及视觉心理因素来使静止的物体产生动感，如利用点、线、面、体的视觉感受规律进行组织设计，引起视觉上的动感。哥特式教堂各种垂直向上的线条，就造成了人们视线和心理上的动感。

静态空间一般形式比较稳定，空间比较封闭，构成比较单一，视觉常被引导在一个方位或落在一个点上，空间常表现得非常清晰明确，一目了然，常采用对称式和垂直水平界面处理。

静态空间的限定度较强，趋于封闭型；多采用对称布局，以达到静态平衡；色彩淡雅和谐，光线柔和，装饰整洁。

3. 开敞空间与封闭空间

开敞空间是一种强调与周围空间环境交流、渗透的外向型空间，其空间界面围合程度低，可以是完全开敞的，即与周围空间之间无任何阻隔；也可以是相对开敞的，即由玻璃隔断等与周围环境分隔。

封闭空间是指用限定性较高的界面围合起来的独立性较强的空间，即阻断了与周围空间的流动和渗透，造成空间在视觉、听觉等方面具有较强的隔离和封闭，有利于排除外界的各种不利影响和干扰。

开敞空间和封闭空间是相对而言的，在空间感上，开敞空间是流动的、渗透的；封闭空间是静止的、独立的。在对外关系和空间性格上，开敞空间是开放性的，封闭空间是拒绝性的；开敞空间是公共性的和社会性的，封闭空间是私密性的和个体的。

4. 虚拟空间与虚幻空间

虚拟空间也叫"心理空间"，是指在界定的空间内，通过界面的局部变化而再次加以限定的空间，如局部升高或降低地坪或天棚，或以不同材质、色彩的平面变化来限定空间等（图3-2）。

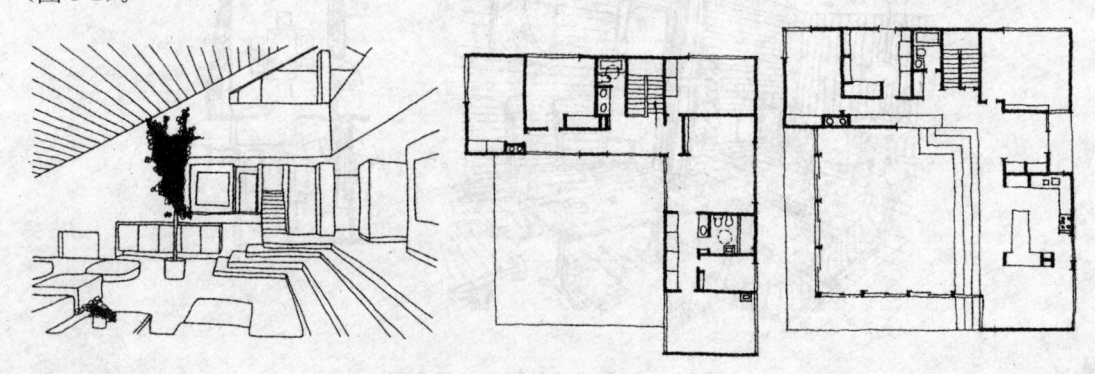

图3-2 虚拟空间示例

虚幻空间是利用室内镜面反映的虚像或利用有一定景深的大幅画面，使人产生空间扩大或深远的视觉效果的空间。在虚幻空间中有时还能通过几个镜面的折射，将原来平面的物件造成立体空间的幻觉；紧靠镜面的物体，还能通过镜面使不完整的物件（如半圆桌）形成完整的物件（圆桌）的假象。因此，室内特别狭小的空间常利用镜面来扩大空间感，并利用镜面的幻觉装饰来丰富室内景观。除镜面外，有时室内还利用有一定景深的大幅画面，把人们的视线引向远方，造成空间深远的意象（图3-3）。

图3-3 虚幻空间示例

5. 凹入空间与外凸空间

凹入空间是一种在室内局部退进的空间形式。凹入空间开敞面较少，最多只开敞两面，受外界干扰较少，私密性和领域感较强，通常将顶棚也相应降低，可在大空间中营造出一个安静、亲切的小空间。

外凸空间是指相对于外部空间凸出在外的空间形式。外凸空间相对内部空间而言是凹室。一般外凸空间的两面或三面是开敞的或大面积开窗，目的是将室内空间更好地延伸向室外环境，使室内外空间融合渗透；或通过锯齿状的外凸空间，改变建筑的朝向方位，如阳台、晒台等。

四、室内空间的组织设计

1. 室内空间的分隔与合并

室内空间的组合,是指根据不同使用目的,对空间在垂直和水平方向进行各种各样的分隔和联系,通过不同的分隔和合并方式,为人们提供良好的空间环境,满足不同的活动需要。

分隔是用实体元素将空间"分"开,实际上,围合与分隔在某种程度上是相互转化的,围的过程也是分的过程,分的过程也是在围,两者是对立统一的关系。

空间的分隔应处理好不同的空间关系和分隔的层次,具体步骤为:

(1)室内外空间的分隔,如入口、天井、庭院,它们都与室外紧密联系,能够体现内外结合及室内空间与自然空间交融。

(2)处理内部空间之间的关系,主要是处理封闭和开敞的关系,空间的静止和流动的关系,空间过渡的关系,空间序列的开合、扬抑的组织关系,表现空间的开放性与私密性的关系以及空间性格的关系等。

(3)对个别空间内部在进行装修、布置家具和陈设时,对空间的再次分隔。

这三个分隔层次都应该在整个设计中获得高度的统一。

空间的分隔与联系是相对而言的,两者是对立统一的关系。空间各组成部分之间的关系主要是通过分隔的方式来体现的。空间的分隔应充分考虑到空间的使用功能和使用性质,空间的关系与层次,空间的艺术特点、风格要求等。空间分隔的方式决定了空间之间的联系程度。空间分隔的方式主要有绝对分隔、局部分隔、象征性分隔、弹性分隔四种。

(1)绝对分隔。用承重墙或非承重墙分隔空间,称为绝对分隔。它形成的空间一般是封闭空间。其特点是有非常明确的界面,且较安静,私密程度较好,抗干扰性强,如卡拉OK包房、餐厅包间、会议室、录音棚等常采用绝对分隔的方法。

(2)局部分隔。局部分隔即利用具有一定高度的隔断、屏风、家具等在局部范围内分隔空间。局部分隔是为了减少视线上的相互干扰,对声音、温度等没有阻隔。局部分隔的强弱取决于分隔体的大小、形态、材质等。局部分隔的形式有四种,即一字形垂直面分隔、L形垂直面分隔、U形垂直面分隔和平行垂直面分隔。

(3)象征性分隔。用家具、绿化、水体、色彩、照明、高差、音响、隔断等因素分隔空间,属于象征性分隔。形成这种分隔所采用的物质相对较低矮,侧重于心理定位,形成的空间具有一定的通透性。

(4)弹性分隔。弹性分隔即利用折叠式、升降式、拼装式活动隔断或帷幕等分隔空间,可根据使用要求开启、闭合,空间也随之分隔或合并,弹性分隔能灵活地改变空间的大小。

2. 室内空间的过渡和引导

室内空间的过渡是根据人们日常的生活需要提出来的。两个空间如果以简单的方法直接连通，会使人感到平淡，缺少趣味。倘若在两个空间之间插进一个过渡性的空间（如过厅），它就能够像音乐中的休止符或语言文字中的标点符号一样，使之层次分明并具有抑扬顿挫的节奏感。例如，当人们进入自己的家庭时，会希望在门口有块地方擦鞋换鞋，放置雨伞、挂雨衣，或者为了家庭的安全性和私密性，也需要进入居室前有一个过渡空间。又如在影剧院中，为了不使观众从明亮的室外突然进入较暗的观众厅而引起视觉上的急剧变化，从而产生不适应感觉，常在门厅、休息厅和观众厅之间设立渐次减弱光线的过渡空间。这些都属于实用性的过渡空间。

过渡空间作为前后空间、内外空间转折与衔接点，在功能和艺术创作上，有其独特的地位和作用。过渡的形式是多种多样的，有一定的目的性和规律性，如从公共性至私密性的过渡常和开放性至封闭性过渡相对应。室内外空间的转换关系如下：

公共性——半公共性——半私密性——私密性
开敞性——半开敞性——半封闭性——封闭性
室　外——半室外——半室内——室　内

第二节　建筑室外空间

一、建筑室外空间环境

建筑室外空间环境，是一种介于建筑室内空间和城市开放空间之间的空间类型，既属于建筑领域，其功能是服从建筑的使用功能，满足使用者的户外活动需求；同时又属于城市微观景观环境，是构成城市中观景观环境的元素之一。建筑与其室外空间环境互为补充关系，随着建筑的发展，室外空间的形式和内涵也有了很大的发展。但其发展的永恒目标是相同的，即为人的物质和精神需求服务。"以人为本"是建筑室外空间环境设计的宗旨。

因此，在建筑室外空间环境设计中，要充分认识和确定人的主体地位和人与环境的双向互动关系，将"以人为本"的宗旨体现于空间环境的创造中；另外，还要注重对人在建筑室外空间环境活动的行为特征进行研究，并依此创造出不同性质、不同功能、不同规模、不同特色的空间环境，从而满足不同年龄、不同阶层、不同性别的使用者的多样化的需求。

二、建筑室外空间环境的行为感受

人在建筑室外空间的环境的行为感受主要体现在两方面：

(1)建筑室外空间是一个过渡空间,在空间上起联系作用,室外空间把建筑室内与城市空间联系起来,使之成为一个连续而又变化丰富的环境,人们由城市空间过渡到建筑室外空间,能够缓冲和放松情绪,得到休息和娱乐,在过渡空间中欣赏周围的建筑和环境。

(2)建筑室外空间也是一个共享空间,它联系着建筑室内外活动的人,为人们提供交往的场所,建筑室外环境成了人们生活的一部分,使用者是这里的人,他们欣赏和评价周围的一切,室外环境也由于人的加入变得丰富起来,而同时人也作为被欣赏的因素融入环境之中。

三、人与建筑室外空间环境的关系

人与建筑室外空间环境是相互影响和依赖的关系。

客观环境影响人的行为,使用者在使用和感受空间环境的同时,会根据环境提供的信息并结合自己的经验对环境做出判断,最终以自己的行为对环境做出反应。

四、建筑室外空间活动

人在建筑室外空间环境的行为活动虽有一定的目标导向,但其具体的活动内容、时间、形式、特点都有一种不确定性和随机性,既有规律性,又有偶然性。

首先,在人的行为活动中,休息是主要的活动,在休息的同时,往往又包含有交往、观赏、散步、嬉戏等活动,这就要求建筑室外空间环境提高供座能力,并提供一定的景观小品、游戏设施等公共设施供观赏、娱乐。

其次,随着人们生活水平的提高和节假日的增多,表演活动也成为建筑室外环境富有生气的活动之一,除了有组织的演出活动外,还有许多自发的、自娱自乐的表演活动。"人看人"和"被人看"成了室外环境的主要景观特色,为环境增加了生气。一些受人欢迎的公共建筑前的台阶和护墙成了人们闲坐的场所,同时,"看人"也成了一道风景。

五、建筑室外空间环境设计原则

日本著名建筑师芦原义信曾说:"(外部空间)首先是从自然当中由框框所划定的空间,与无限伸展的自然是不同的。外部空间是由人创造的有目的的外部环境,是比自然更有意义的空间。"由于设计考虑的主体是环境的使用者,而非设计者或决策者的喜好,因此,设计时要注重使用者的特性和需求,达到人性化的设计目标。创造具有"积极"意义的建筑室外空间环境,既要有"以人为本"的思想,又要有尊重自然、利用自然、与自然相结合的观点。人本化与自然化的设计原则主要体现在以下三个方面:

首先,对建筑室外空间环境而言,物质功能是最基本的要求,如铺地的划分、水池花坛的安排、踏步的设置、雕塑和构架等的构图与运用;另外,小品、壁画、灯饰等要根据不同主题、功能和要求,用最能表达的因素进行创作,以产生最佳效果。如通过设计手段鼓励和引导人们参与其中;通过空间适度围合,形成积极空间,以增强使用者的安全感和领域感。另外,边界效应规律应作为设计的重点,尽量提供阴角空间、袋状空间以提高建筑室外空间环境的活力。在细部设计中也要体现对人的关怀,如寒冷地区的座椅应尽量采用导热系数小的材料,为残疾人设置无障碍设施等。对于一些市政设施,如室外环境中的箱式燃气调压站,若采用一个方方正正的大铁柜立在草坪中,就会破坏草坪的整体效果。如果在考虑其功能和安全的前提下,将其外形进一步美观化设计,如建筑小品一样,就会对环境起到点缀的作用,使市政设施与环境相协调,给人以美的视觉享受。

其次,行为功能和文化内涵是建筑室外环境的精神功能,是现代城市建筑室外环境经常被忽略的内容。处于建筑室外环境中的人,往往会受到各方面信息的影响,如空间形态、光影、色彩、质感等,这些信息会影响人的行为;将历史、文化和具有特征的人文要素注入室外环境中,会赋予其丰富的精神文化内涵,提高室外环境的人性化品质。

最后,寻求与自然的平衡是建筑室外空间环境设计的一个重要准则,人们需要自然,这既是心理上的需要又是生理上的需要。绿化是最主要的自然因素之一,能使人的紧张和疲劳得到缓冲和消除,其既有自然生长的姿态和安静的色彩,又有四季的景象变换,不同树种拥有不同的造型和色彩,其人情味与环保功能是不可缺少的要素。水体也是最活跃的自然因素,通过对水体的处理,如喷泉、水池、河道等会唤起人们对自然的联想。

六、建筑室外休闲空间的设计

作为文化生活载体的建筑室外空间,如何满足人们日益增长的需求,创造与需求相适应的、面向大众开放的建筑室外空间环境,应引起设计师的重视。

首先,作为建筑室外空间环境的主要界面,建筑立面要做重点的人性化设计,以给使用者增加休闲的信息量。如底层架空或挖掘体量形成"灰空间",通过落地的透明的玻璃门窗增加室内外空间的流通与通畅,建筑入口的退让以形成空间等。这些室外空间需要有机地和整体地统筹与安排,如精心设计地面铺装,科学、合理地搭配绿化种植,完善电话亭、垃圾箱、座椅、雕塑等小品设施,加强细部设计。

其次,作为特定的建筑附属体,建筑室外环境一般只起"配角"作用,在实际设计中经常是缺乏有机的内在联系,有时形成功能特征相似的空间,重复而乏味;有时只是简单地做一下地面铺装或摆几个花盆、立一个雕塑等。在这些空间中,人们无景可观,无座可歇,无娱乐设施可游戏,缺少人情味。增加休闲空间的信息量有助于满足需求的多层次、高空间容量、随机性强等特点,同时应注重信息的可读性。一方面,利用"边界"这一信息量最大的地方组织空间;另一方面,在用地紧张的情况下,"集合式"的设计理念也是一种增加信息量的方法。按照格式塔心理学观点,整体的信息量总是大于局部之和。如在一块有限的建筑室外空间里,既有儿童游戏的场地,也有家长们看护儿童休息的设施,以满足多层次人群的不同需求。

最后，在城市公共生活中，人们需要众多而复杂的公共设施。公共设施的艺术形态、色彩和质感等易引起使用者的行为心理感受，因此，对其除要考虑其基本功能（如实用性、服务性、安全性、耐久性等）外，更要发挥其最大的功能——让使用者方便地使用它们。

本章小结

本章主要介绍了建筑装饰室内空间的概念、类型和组织设计，以及室外空间环境的概念和设计原则。人工环境的室内空间是人类劳动的产物，是人类有序生活所必要的物质基础。室内空间设计必须满足其功能以及满足对空间形式提出的要求。在建筑室外空间环境设计中，要充分认识和确定人的主体地位和人与环境的双向互动关系，遵守人本化与自然化的设计原则。

思考与练习

一、填空题

1. 构成室内空间环境的各种因素如_____、_____、_____、_____、_____、_____、_____等，都对室内空间环境有很大的影响。
2. 室内空间特征主要有_____、_____、_____、_____、_____、_____等。
3. 室内空间主要由_____、_____和_____构成。
4. 空间分隔的方式主要有_____、_____、_____、_____四种。
5. 建筑室外空间环境，是一种介于_____和_____之间的空间类型。

二、选择题

1. (　　)通常是指室内空间的底界或底面。

　　A. 基面　　　　　　B. 顶面　　　　　　C. 垂直面　　　　　　D. 侧界面

2. (　　)往往具有空间开阔性和视觉导向性的特点。

　　A. 固定空间　　　　B. 可变空间　　　　C. 动态空间　　　　　D. 静态空间

3. 下列关于建筑室外空间的说法错误的是(　　)。

　　A. 建筑室外空间环境设计要注重对人在建筑室外空间环境活动的行为特征进行研究
　　B. 人与建筑室外空间环境的关系是相互影响、依赖的关系
　　C. 人在建筑室外空间环境的行为活动内容、时间、形式、特点都有一种确定性和必然性
　　D. 进行室外空间环境设计时，要注重使用者的特性和需求，达到人性化的设计目标

三、简答题

1. 室内空间有哪些类型?
2. 怎样进行室内空间的分隔?
3. 过渡空间的过渡有哪几种形式?
4. 人在建筑室外空间的环境的行为感受主要体现在哪几个方面?
5. 室外空间环境设计应遵循什么原则?

第四章 室内空间界面设计

学习目标

通过对本章的学习,了解室内空间界面的设计要求与特点;熟悉室内空间界面材料的种类、选用,以及空间界面处理给人带来的不同感受;掌握室内空间界面设计的原则、装饰设计要点,室内空间处理的方式,室内空间要素及组合,室内空间的形状、色彩与质感等。

能力目标

通过对本章的学习,能够理解室内空间界面的设计要求与特点;具备室内空间界面材料的选用能力;能够进行室内空间界面装饰设计及室内空间处理。

第一节 空间界面的处理

一、界面的设计要求及特点

1. 各类界面的共同要求

(1)满足耐久性及使用期限的要求。

(2)满足耐燃及防火性能的要求。现代室内装饰应尽量采用不燃及难燃性材料,避免使用燃烧时释放大量浓烟及有毒气体的材料,房间顶棚和墙面的装饰材料要符合《建筑内部装修设计防火规范》(GB 50222—1995)的要求。

(3)无毒。指散发气体及触摸时的有害物质低于核定剂量。

(4)无害。材料中含有的有害物质含量不得超过相关标准,如某些地区所产的天然石材,具有一定的氡放射剂量。

(5)易于制作、安装和施工,便于更新。

(6)满足隔热、保暖、隔声、防火、防水要求。

(7)满足装饰美观性要求。

(8)满足相应的经济要求。

2. 各类界面的功能特点

(1)楼地面。楼地面要具有耐磨、耐腐蚀、防滑、防潮、防水、防静电、隔声、吸声、易清洁等功能特点。

(2)墙面。墙面要具有遮挡视线,并有较高的隔声、吸声、保暖、隔热要求等功能特点。

(3)顶面。顶面要具有质轻、光反射率高,较高的隔声、吸声、保暖、隔热要求等功能特点。

各类界面的基本功能要求如表 4-1 所示。

表 4-1 各类界面的基本功能要求

序号	基本功能要求	使用期限及耐久性	耐燃及防火性能	无毒,不散发有害气体	核定允许的放射剂量	易于施工安装或加工制作,便于更新	自重轻	耐磨耐腐蚀	防滑	易清洁	隔热保暖	隔声吸声	防潮防水	光反射率
1	底面(楼、地面)	●	●	●	●	●	○	●	●	●	●	●	●	
2	侧面(墙面、隔断)	○	●	●	●	●	○	○		●	●	●	○	○
3	顶面(平顶、顶棚)	○	●	●	●	●					●	●	○	●

注:●——较高要求;○——一般要求。

二、室内空间界面材料的种类及选用

(一)室内空间界面材料的种类

1. 石材

用于饰面装饰的石材主要有大理石和花岗岩两类。

大理石分为天然大理石和人造大理石两类。天然大理石原料的加工过程:先将石料锯切成板材,再经粗磨、细磨、半精磨、精磨和抛光,加工成抛光板。板材的光泽度因材而异,硬度高的石材抛光效果好,光泽度高。大理石的一般性能指标为:表观密度 2 600~2 800 kg/m³,抗压强度 47~140 MPa,抗弯强度 7.8~16 MPa,吸水率小于 1%,耐用年限约为 50 年。由于大理石一般都含有杂质,而碳酸钙在大气中受二氧化碳、硫化物、水汽的作用,容易风化和溶蚀,从而使表面很快失去光泽。所以,除少数杂质少且比较稳定、耐久的品种可以用于室外装饰外,一般大理石不宜用于室外,多用于室内饰面,如墙面、柱面、地面、造型面、吧台或服务台立面和台面等。

花岗岩是一种天然石材，其主要的矿物成分有长石、石英、云母等。在我国，花岗岩岩体约占国土面积的 9%，尤其是在东南地区，大面积存储着各类花岗岩体，远景储量极大。据不完全统计，目前花岗岩的品种约达 300 多种。其具有构造致密、硬度大、耐磨、耐压、耐火及耐化学侵蚀以及较强的装饰等特点。花岗岩经研磨、抛光后，呈现出斑点状花纹，华丽而庄重；粗面花岗岩更具有凝重而粗犷的装饰特点。

2. 木材

木材作为一种天然材料，具有其他材料无可比拟的诸多优点。其轻盈、强度高、刚性好，便于加工成型，且有天然的纹理。

木材一般分为木方和板材两类。木方俗称木龙骨，在装修中常被用作棚、墙、柱等处的骨架，起着支撑外部造型面的作用。一般木龙骨多用红松和白松，因为这两种材质软而轻，易于加工，不易劈裂。另外一些硬材类（如水曲柳、黄菠萝、榛木等），虽易劈裂，但材质硬、质感强，多适合做表面的装饰及家具用材。天然板材在装修中使用不多，仅在部分家具的面饰或在高档室内装饰的部分墙面装饰中有所使用。

人造木质板材主要有胶合板、纤维板、刨花板、细木工板、薄木贴面板等。胶合板种类较多，既可用作基层板，又可用作装饰面板；纤维板、刨花板、细木工板主要用作基层板；薄木贴面板是将珍贵树种旋切，经加工处理后制成的装饰面板，主要用作室内墙面、柱面、木门、家具等的饰面层。

3. 塑料

塑料是以人工合成的或天然的高分子有机化合物（如合成树脂、天然树脂、纤维素酯或醚、沥青等）为主，添加必要的助剂与填料，在一定条件下塑化成形，并能在常温下保持其形状的有机合成材料。塑料装饰材料可分为塑料地板、塑料壁纸、塑料装饰板材（如塑料门窗）等。

塑料地板的材料组成较简单，目前以石英砂填料居多，可分为块状和卷状两种。块状塑料地板可拼成各种不同的图案，塑料地板具有质轻、耐磨、耐腐、可自熄、易清洁等特点。

塑料壁纸品种繁多，其其有良好的装饰效果，在耐燃、隔热、吸声、防霉等方面性能优越，而且施工方便，易保养，应用极为广泛。

塑料装饰板材主要有硬质 PVC 板、塑料贴面板、玻璃钢装饰板和铝塑复合板等，主要用作护墙板、屋面板、吊顶板。硬质 PVC 板主要用于隔墙、吊顶的罩面板或内墙护墙板等，塑料贴面板适用于门、墙、家具等的贴面装饰。

4. 地毯

地毯按材质分为羊毛地毯、化纤地毯和混纺地毯。纯羊毛地毯图案优美、色彩鲜艳、质地厚实、经久耐用，用以铺地时柔软舒适，富丽堂皇，装饰效果极佳。其不仅具有隔热、保温、吸声、吸尘、挡风及弹性好等特点，还具有典雅、高贵、华丽、美观、悦目等装饰效果，所以常用不衰，广泛用于高级宾馆、会议大厅、办公室、会客室和家庭的地面装饰。化纤地毯防虫蛀、防霉、耐磨而富有弹性，色泽多样，可代替羊毛地毯使用。混纺地毯结合了前两者的优点，应用最为广泛。

5. 壁纸

塑料壁纸是以纸为基层，聚氯乙烯薄膜为面层，经过复合、印花、压花等工序制成。由于其具有原材料便宜、耐腐蚀、难燃烧、可擦洗、装饰效果好等特点，因此成为世界各国壁纸的主要产品。塑料壁纸具有一定的伸缩性和抗裂强度，可制成各色图案及丰富多彩的凹凸花纹，富有质感及艺术感，装饰效果较好。塑料壁纸施工简单，易于粘贴，陈旧后也易于更换；可以节约大量粉刷工作，壁纸表面不吸水，可用布擦洗，易清洁。用壁纸作为现代室内装饰材料，不仅可以起到美化室内的装饰作用，还可以提高建筑物的某些功能，如防火、防臭、防霉等。

6. 墙布

玻璃纤维印花贴墙布适用于旅馆、饭店、会议室等内墙面装饰；化纤装饰贴墙布适用于各级宾馆、旅店、办公室、会议室等内墙面装饰；无纺贴墙布适用于各种高级宾馆、高级住宅等建筑物的装饰；装饰墙布可用于宾馆、饭店等较高级民用建筑的墙面装饰；高级墙面装饰织物适用于高级宾馆、高级会客厅等。

7. 涂料

涂料涂敷于物体表面，能干结成膜，具有防护、装饰、防锈、防腐、防水或其他特殊功能，建筑涂料品种繁多，包括有机水性涂料、溶剂型涂料和无机涂料。

8. 玻璃

随着建筑的发展需要，玻璃制品由过去单纯的采光材料，逐步向控制光线、调节热量、控制噪声、降低建筑物自重、装饰建筑室内外环境等多功能的方向发展。

玻璃按其性能不同可分为普通玻璃、特种玻璃和装饰玻璃三类。普通玻璃包括普通窗玻璃、磨光玻璃、磨砂玻璃、浮法玻璃、蓝灰色浮法玻璃、钢化玻璃；特种玻璃包括夹丝玻璃、夹层玻璃、吸热玻璃、热反射玻璃、中空玻璃、高性能中空玻璃、光致变色玻璃、电热玻璃、泡沫玻璃、热弯玻璃等；装饰玻璃包括压花玻璃、喷花玻璃、有色玻璃、晶质玻璃、激光玻璃、彩绘玻璃、雕刻玻璃、镶嵌玻璃等。现今的玻璃已不仅仅作为透光的材料，而且有隔热、隔声、保温等多种性能，加上玻璃可以再次被加工，如刻花、磨砂、着色等，使其功能更丰富，视觉感受更独特。建筑装饰玻璃广泛用于室内空间的墙壁、隔断、柱面、顶棚等处，具有独特的装饰效果。

9. 石膏

石膏是一种气硬性胶凝材料，在建筑装饰方面应用比较广泛。用石膏可生产出多种系列的石膏制品，这些产品具有质量轻、凝结快、耐火隔声、品种丰富、价格低廉等优点。石膏制品洁白、高雅，表面可形成各种复杂图案、花纹及造型，质感细腻，是一种常用不衰的室内装饰材料。石膏还可做成花饰、线条等。石膏制品可锯、可钉、可刨。石膏板主要用于建筑物室内墙面和顶棚吊顶的装饰。

10. 金属

金属装饰材料具有独特的光泽与颜色，其庄重华贵、经久耐用，优于其他各类建筑装饰材料。近年来，建筑装饰的金属材料发展很快，如铝合金材料、不锈钢、彩色钢板、铜材及其他金属制品，各用于不同档次的建筑装饰。

(二) 室内空间界面材料的选用

室内装饰材料的选用，是界面设计中涉及设计成果的实质性的重要环节，直接影响室内空间设计整体的实用性、经济性、环境气氛以及美观。因此，设计人员应当熟悉各种装饰材料的质地、性能特点，了解装饰材料的价格和施工操作工艺要求，不断运用当今先进的物质技术手段，为实现设计构思打下坚实的基础。

(1) 适合室内使用空间的功能性质。对于不同功能性质的室内空间，需要由相应类别的界面装饰材料来烘托室内的环境氛围，例如文教、办公建筑的宁静、严肃气氛，娱乐场所的欢乐、愉悦气氛，与所选材料的色彩、质地、光泽、纹理等密切相关。

(2) 适合建筑装饰的相应部位。不同的建筑部位对装饰材料的物理、化学性能、观感等的要求也各有不同，因此，应根据部位需要选用不同的装饰材料。

(3) 符合更新、时尚发展的需要。由于现代室内设计具有动态发展的特点，设计装修后的室内环境，通常并非是"一劳永逸"的，而是需要更新，讲究时尚。原有的装饰材料需要由无污染、质地和性能更好、更为新颖美观的装饰材料来取代。

对于相应材料丰富的地区，要遵守"因地制宜"的原则，这样既能减少运输，又能降低造价，还能使室内装饰具有地方风味。

三、室内空间界面处理的视觉感受

室内空间界面由于线形的不同划分、花饰大小的尺度各异、色彩深浅的各样配置以及采用材质的不同，都会给人以视觉上不同的感受。界面不同处理手法的运用，都应该与室内设计的内容和相应需要营造的室内环境气氛、造型风格相协调，如果不考虑场合和建筑物使用性质，随意选用各种界面处理手法，可能会有"画蛇添足"的不良后果。

1. 顶面

空间的形状和关系主要反映在对顶面的处理上。通过对顶面的处理，可以加强重点、区分主从关系，而且顶面又比较引人注目，透视感也强。所以，对顶面的不同处理，有时可加强空间的博大感，有时可加强空间的深远感，有时还可把人的注意力引导至某个确定的方向。

2. 墙面

影响墙面对人们视觉感受的因素主要有以下几方面：

(1)门窗的虚实处理。门窗为虚,墙面为实。有的墙面要以虚为主,虚中有实;有的则要以实为主,实中有虚。虚实的对比和变化,往往是墙面处理成功的关键。

(2)线条与纹理走向处理。墙面的线条与纹理竖向划分,可以增加空间的高耸感;横向划分,可使空间向水平方向延伸,同时空间高度有降低感。因此,在一般情况下,低矮的墙面宜采用竖向分割的处理办法;而高耸的墙面,则多采用横向分割的处理办法。

(3)墙面花饰与装饰性壁画。墙面的花饰大小,会影响人们的感受。大花图案可使界面向前提,空间有缩小之感;小花图案则使界面向后退,空间有扩大之感。如果在墙面上布置不同的装饰性壁画,也会给人带来别样的感受。例如,一幅色彩淡雅、层次分明、透视感较强的壁画或挂画,能够增加空间的景深,增加空间的深度;反之,一幅色彩浓重、层次平淡的壁画或挂画,能使空间界面向前,使本来显得空旷的空间增加一些亲切感。

(4)围成空间所用材料的色彩冷暖。色彩的冷暖可以对人的视觉产生不同的影响。暖色使人感到靠近,冷色则使人感到隐退。顶面色彩深沉,可使空间有降低之感;顶面色彩浅淡,可使空间有提升之感。

(5)装饰材料质地的选择。选用不同质地的装饰材料会带来不同的装饰效果,给人的视觉感受也不同。一般来说,室外装饰材料的质地,可以粗糙一些;室内装饰材料的质地,则应当细腻一些、光滑一些、松软一些。质地粗糙的材料,容易形成光的散射,给人的感觉比较近,会使空间变小;质地光滑的材料,容易形成光的反射甚至镜像现象,给人的感觉比较远,会使空间扩大。

(6)灯光的运用。利用室内灯具和光亮效果,也能给人以不同的感受。若采用吸顶灯具或嵌入式灯具,顶界面具有上升之感;若采用吊灯,则顶界面具有下降之感。光亮的空间,给人以扩大之感;反之,则有缩小之感。直接照明能使顶界面有下降之感,间接照明则使顶界面有上升之感。

第二节 空间界面设计原则与要点

一、室内空间界面设计的原则

1. 装饰与室内空间各界面相协调

室内空间界面尽管在室内分工不同,各具功能特征,但是同一空间内的各界面的处理必须在同种风格的统一下来进行。在室内装饰史上,不同的民族由于使用材料及风俗习惯等的不同,其室内装饰风格就有很大的不同。

实际上,室内装饰设计绝大部分是对室内界面进行设计处理,或者说室内界面设计是在总体设计风格的要求下,对室内各界面进行更为细致的设计处理(图4-1)。

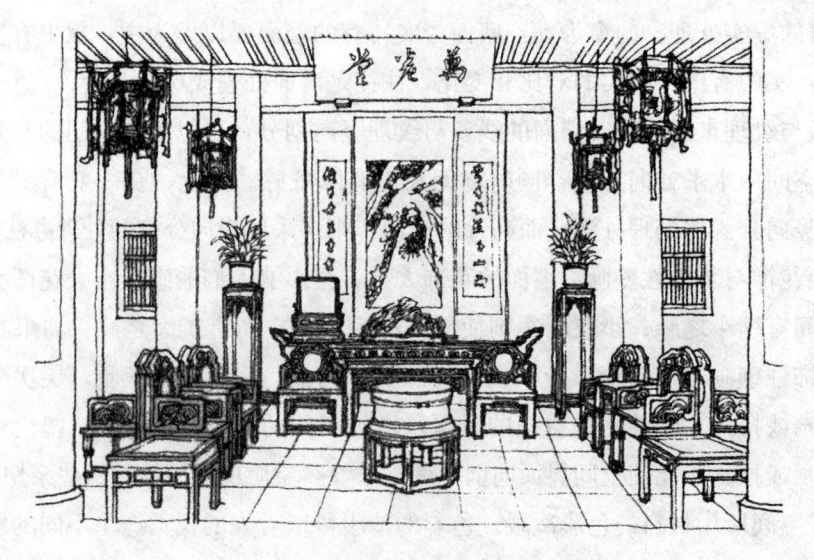

图4-1 具有中国古典装饰风格的界面设计

2. 与室内气氛相一致

不同使用功能的空间具有不同的空间特性和不同的环境气氛要求。在进行室内空间界面装饰设计时,应对使用空间的气氛做充分的了解,以便做出合适的处理。例如,居室要求富于生活情趣以及亲切、安静的室内空间环境,而旅馆客房则要求富丽豪华、色彩丰富、空间尺度较大且富有变化,既要符合旅客休息、活动的需求,同时又要满足旅客的交往需求。因此,在设计中,同样的居住空间,对其空间界面应做不同的装饰处理。

3. 界面处理切忌过分突出

室内空间界面作为室内环境的背景,对室内空间、家具和陈设起到烘托、陪衬的作用,在处理上切忌过分突出,必须始终坚持以简洁、明快、淡雅为主。但是,对于需要营造特殊气氛的空间,如舞厅、咖啡厅的吧台或住宅客厅的电视背景墙等处,有时也需对其做重点装饰处理,以起到强化的效果。

二、室内空间界面装饰设计要点

室内空间界面装饰设计,应重点处理好线条形状、质感、图案和色彩等要点。

1. 线条形状

线、面、形是构成室内空间的因素,因为形是由面构成,面是由线构成。

室内空间界面中的线,主要是指分格线和由于表面凹凸变化而产生的线。这些线可以体现装饰的静态或动态效果,可以调整空间感,也可以反映装饰的精美程度。密集的线束具有极强的方向性。当用密集的线表现时,能展现出极强的方向性;柱身上的凹槽线可以把人们的视线引向上方,增加柱子的挺拔感;沿走廊方向表现出来的直线,可以使走廊显得更深远;弧线具有向心力或离心力,剧场内顶棚上的弯向舞台的弧形分格线,有助于把人的视线引向舞台。

室内空间界面是由各界面的轮廓线和分格线构成，不同形状会给人以不同的联想或视觉感受。例如，棱角尖锐的形状容易给人以强壮、尖锐的感觉；圆滑的形状容易给人以柔和与亲切的感觉；扇形使人感到轻巧与华丽；等腰梯形使人感到坚固和质朴；正圆形中心明确，具有向心或离心作用；椭圆形由于有两个中心，故具有一定的方向性。正圆形、正方形属于中性形状，因此，当需要设计一种个性明显的空间环境时，采用非中性形状可能更合适。

对于形体，可以根据以下两点进行理解：

(1)墙面、地面、顶棚围成的空间，这种形体指空间的形体。

(2)墙面、地面、顶棚的表面显现出来的凹凸和起伏，这种形体指较大的凸凹和起伏。

2. 质感

质感是材质给人的感觉与印象，是材质经过视觉和触觉处理后产生的心理现象。每一种材料都有其自身美的特性和质感，或粗犷，或细腻，或朴素，或华丽，都有其自身的特性。室内空间气氛的营造与材料质感紧密相连，譬如，粗糙的天然石材和木材给人以淳朴、厚重的乡土气息；金属和玻璃等光亮的表面则给人华丽和理性的现代感。图 4-2 所示为某观演空间的室内界面，运用木材和其他材料使室内的材料质感非常丰富。

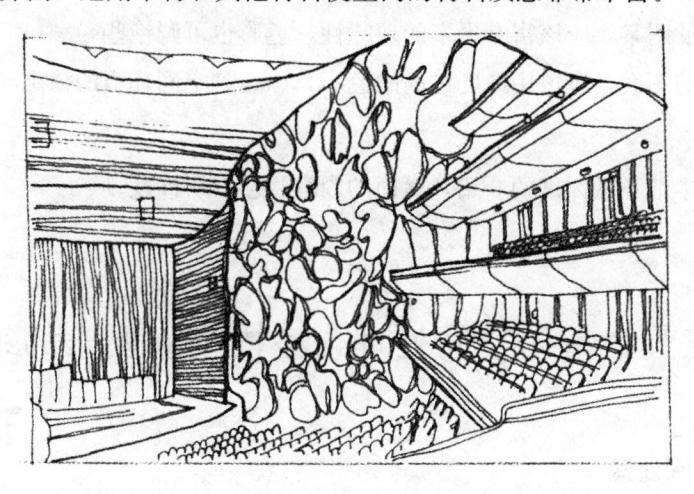

图 4-2 某观演空间的室内界面

在室内空间界面装饰设计中，选择材料特征时应注意以下几点：

(1)要使材料特性与空间性格相吻合。

(2)要充分展示材料自身的内在美。

(3)注意材料质感与距离面积的关系。

(4)注意与使用要求相统一。

(5)注意用材的经济性。

3. 图案

(1)图案的作用。图案的作用表现在以下几个方面：

①图案可以通过自身的明暗、大小和色彩来改变空间效果。一般来讲，色彩鲜明的大花图案，可以使界面向前提而使之缩小；色彩淡雅的小花图案，可以使界面向后退或使界面扩展。

②图案可利用人们的视错觉改善界面比例。如一个正方形的墙面，用一组水平线装饰后，看起来像是矩形。图案景深影响空间景深。

③图案可以赋予室内空间静态感或动态感，纵横交错的、由直线组成的网格图案，会使空间具有稳定感；由斜线、折线、波浪线和其他方向性较强的线组成的图案，则会使空间富有运动感。

④带有具体图像和纹样的图案，可以使空间具有鲜明的个性，甚至可以具体地表现出某个主题，造成富有意境的空间。

(2)图案的选择。在选用图案时，应充分考虑室内空间的大小、形状、用途和特性，使装饰与空间的使用功能和精神功能相一致。具体的选择方法如下：

①动感明显的图案，最好用在入口、走道、楼梯或其他气氛轻松的房间，而不宜用于卧室、客厅或者其他气氛闲适的房间。

②过度抽象和变形较大的动植物图案，只能用于成人使用的空间，不宜用于儿童房间。

③儿童用房的图案，应该富有更多的趣味性，色彩也可鲜艳些。

④成人用房的图案，应慎用纯度过高的色彩，以达到空间环境的稳定与和谐。

4. 色彩

关于色彩，本节不做详细的介绍，后面的内容将会有所涉及。

第三节 室内空间处理与室内空间要素的组合

一、室内空间处理

室内空间的处理方式有：分割、切断、通透、裁剪、高差、凹凸、借景。

(1)分割。分割是最普遍的空间处理方式。其有三种形式：第一种是实体性分割，它包括使用不到顶的墙、家具或其他实体性界面来划分空间。这种分割形式，既可形成一定的视觉范围，又具有开放性。第二种是象征性分割，它包括使用栏杆、玻璃、悬垂物或光线、色彩等非实体的手段来划分空间。这种分割空间界面模糊，限定度低，空间更开放。第三种是弹性分割，如推拉门、升降帘幕等。这种分割形式灵活性强、简单实用。

(2)切断。用到顶的家具和墙体等限定高度的实体来划分空间，称为切断。切断的处理，排除了噪声和干扰，私密度和独立性非常高，但同时也降低了与周围环境的交融性，它适用于书房、卧室等私密性要求高的空间。

(3)通透。对分割和切断而言，通透是一种反向的空间处理方式，它是指将原来分割空间的界面全部或部分除去。这种处理方式在结构不合理的旧楼重新装修时较常使用(且能破坏建筑物的承重结构)。通过完全打通、部分打通或挖去部分隔墙的手法来拓展空间，扩大视野，引室外园景入内，让光线、视线、空气在无阻碍中自由融合。这种处理方式可消除窒息感和压迫感，使空间更具延伸性、互动性和流畅性，但不易操作。

(4)裁剪。众所周知，现代建筑室内空间大多是90°角的矩形空间。为了避免方正空间给人带来四平八稳、死气沉沉的呆板形象，有个性的家居主人可采用裁剪的手法，用弧线、折线、曲线、斜线或三角形、圆形、倾斜界面、穹顶等多种方式裁定空间，破除对称感，倾情演绎个性魅力。

(5)高差。高差包括部分抬高或降低地面，也包括部分抬高或降低顶面。通过对地面的高差处理，可实现转换空间、界定功能，使人产生错落有致的主体感；通过对顶面的高差处理，可增强空间立体层次感，也可丰富灯光的艺术效果。

(6)凹凸。对空间和界面进行凹凸的处理，可实现一些特定功能，如古董、雕塑、工艺品的陈设；采暖、通风、排水设备的隐藏；杂物的储藏，以及一些特殊效果的照明。凹凸既可以满足功能要求，又能丰富空间视觉体验，可达到形式与内容的完美统一。

(7)借景。借景是一种惯用手法，即利用格窗、门扉、卷帘、门洞，将室外景色甚至气候引入室内，调节景观，拓展空间，创造迂回曲折的感觉，使有限的空间产生无限的视觉体验。

二、室内空间的要素

空间由实体构成，墙面、地面和顶面限定了室内空间，其统称为界面。界面构成了室内主体空间，室内的家具、园林、陈设和灯饰等各要素渲染调整空间，形成室内空间整体效果。界面、家具、园林、陈设和灯饰是构成室内空间的五大基本要素。

室内空间要素的组合就是运用各种要素的不同形状、色彩和质感在空间组合构图的表现中获得的，同时，还应考虑影响空间构成的各种因素的制约。使用上的功能要求、人的心理要求、建筑技术要求都制约着室内空间的组合。

首先，使用上的功能要求影响空间，它决定了空间的大小、形状、质量、序列。其次，人的心理要求影响空间，人的职业、修养层次以及地方风俗的习惯上的差异，都影响着人对空间总体效果的选择。最后，建筑的技术要求影响着空间，它包括结构体系、构造形成、材料特征、设备标准等，这是实现空间的物质基础。

三、室内空间要素的组合规律

1. 点状

单一的点具有凝聚视线的效果，可处理为空间的视觉中心，也可处理为视觉对景，能起到中止、转折或导向的作用。两个以上的点呈一线排列，可产生动态的感觉，能起到引导的作用，并产生韵律和节奏感。两点之间产生相互牵引的视力，被一条虚线暗示着。三个点之间错开布置时，被虚三角形的面暗示着，限定成开放的空间区域。点在空间上下的位置不同，效果也有所不同。

2. 线状

线具有连接和引导的作用，有垂直线、水平线、斜线、几何曲线和自由曲线之分。直线的性格挺直、单纯，垂直线显示高洁、希望，给人以紧张感，有时与点有相似的作用，多个垂直线排列在流通中起到分隔空间的作用。水平线显示平和、安静，给人以安定感。斜线产生不安定的动感。曲线是柔软、复杂的，更具动态感。

3. 面状

面在空间中有背景的意义，能够阻隔视线，分隔空间，延长面还起到引导视线的作用，有水平面、垂直面、斜面、几何曲面和自由曲面之分。水平面较单纯、和平，显示静止，表现了安定感。垂直面有紧张感，斜面具有不安定的动态感。曲面温和、柔软，具有动感及亲切感。

四、室内空间的形状、色彩与质感

形状、色彩、质感是物体的三个视觉形态，它们各具有自己的特性。

1. 形状

形状是可见物体的外貌，任何可见的物体都具有形状。形状分抽象和具象两大类型。在室内空间设计中，抽象形状分有喻义和无喻义两种。

有喻义形状是指在室内设计中引进前人使用过的标志符号来表达设计者的感受，虽不能再现生活，却有着社会历史的关联性，给人以联想、回味。常用手法一种是照搬式，追求形似，体现历史与现在的对比与延续，或归宿于一种流派和风格；另一种是转换式，追求神似，表达设计者的理解，在历史中求得创作灵感，或得到一种设计的格调。

无喻义形状是指一般限定空间的要素通过比例的调整、曲直的变换以及空间组合手法，用形状表达空间的一种形态和气氛，不包含民族历史的含义。

2. 色彩

色彩依附于形体之中，物体本身的色彩称为固有色，它受到光源色、环境色的影响，所以物体的基本色彩由固有色、光源色和环境色三者构成，物体间色彩主要从色相、明度和纯度三者的差别上区分，色相、明度和纯度是色彩的主要属性，选择不同的色彩、明度和纯度能给人以不同的色彩感觉（主要有温度感、胀缩感、距离感、重量感、兴奋感等）。由于联想、风俗习惯等原因，色彩还具有感情意义，如红色给人刺激感，黄色有着健康或单纯的意义，橙色表示着成熟和光明，紫色有浪漫、神秘的效果，绿色稳重、富有青春气息，粉红色明亮、柔软、细腻，蓝色严肃深沉，褐色安逸、祥和，黑色消极、压抑，灰色随和，白色洁清，金色华丽，银色明亮、柔美等。

在室内空间中应选择各要素色彩的主要特征和基本倾向，即首先确定室内空间的色调，一般按冷暖分为冷调、暖调、中性调；按色相分为各色调；按纯度分为鲜艳调或灰调；按明度分为亮调或暗调。

室内空间要素的色彩组合常用方法：对称法、重复法、退晕法、换色法、对比法。

对称法是以空间各面某一中心为基准，各对应部分的形和色形成对称关系。重复法是指同一形、色在空间要素上有规律地多次出现。退晕法是指空间要素中色彩的逐渐过渡。换色法是指形不变，而变换不同的色。对比法是指空间某一区域并置要素色彩、明度或彩度上的突变。

室内空间色调的选择受到功能要求、生理要求和心理要求等众多因素的影响。如：南向或温度较高的空间用冷色调；北向或温度较低的空间用暖色调。手术室环境色调为绿色，使眼睛获得平衡和休息，这是利用负后像效应。因为手术时注视鲜红的血液，移眼看墙上会出现红色的补色即暗色的负后像，这时与墙面的绿色保持了平衡。同理，副食店售肉部环境色调用淡蓝或蓝绿色，可使顾客看到的肉显得新鲜和红润。又如在餐厅，适当运用淡黄、浅橙、粉红色色调可刺激食欲。在展厅一般用中性色调，避免由于衬色的影响而改变了对展品的颜色感觉。另外，不同民族的吉祥色或忌讳色等对色彩的选择有着特殊影响。总之，室内空间色调的选择，关系到室内设计的成败。

3. 质感

由于材料的缝隙率、密实度和硬软度不同，使得材料表面在视觉和触觉上产生光滑、粗涩、轻软、厚重、光亮、冰凉、温暖等不同质感效果。与色彩相似，空间中也要注意多种材料的质感调和，通常以类似或对比的质感组合达到调和的目的。

材料质感对于丰富空间的造型效果非常重要。既表现在其对光影的反映程度上，有反光、亚光和无光三种效果，也表现在其表面纹理和图案的装饰效果上。另外，不同的材料和材质对声音的反射吸收程度也不一样，一般轻质、多空隙材料的吸声效果较好，硬质、重型材料的吸声效果较差。为获得好的音响效果，要选择吸声效果好的材料。

本章小结

本章主要介绍了室内空间界面处理、空间界面设计的原则与要点、室内空间处理与室内空间要素组合等内容。在学习过程中，要注意区分空间界面的共性特点和个性要求、室内界面设计的原则和要点，以指导今后的具体设计。

思考与练习

一、填空题

1. _____，是界面设计中涉及设计成果的实质性的重要环节，会直接影响室内空间设计整体的实用性、经济性、环境气氛以及美观性。

2. 室内空间界面装饰设计，应重点处理好_____、_____、_____和_____等要点。

3. 室内空间的处理方法有：_____、_____、_____、_____、_____、_____、_____。

4. 室内空间的_____、_____与_____是物体的三个视觉形态，它们各具有自己的特性。

二、选择题

1. (　　)要具有遮挡视线，较高的隔声、吸声、保暖、隔热要求等功能特点。
   A. 楼地面　　　B. 墙面　　　C. 顶面　　　D. 侧界面

2. 块状(　　)地板可拼成各种不同的图案，具有质轻、耐磨、耐腐、可自熄、易清洁等特点。
   A. 大理石　　　B. 花岗岩　　　C. 木材　　　D. 塑料

3. 用到顶的家具和墙体等限定高度的实体来划分空间，称为(　　)。
   A. 分割　　　B. 裁剪　　　C. 切断　　　D. 通透

三、简答题

1. 室内各类界面的共同设计要求有哪些？
2. 室内空间界面处理材料的选用应遵循怎样的原则？
3. 影响墙面对人们视觉感觉的主要有哪几个方面？
4. 室内空间界面设计的原则有哪些？
5. 在室内空间界面装饰设计中，选择材料特征时应注意哪些事项？
6. 室内空间的组合规律有哪些？

第五章　建筑装饰色彩设计

学习目标

通过对本章的学习，了解色彩的产生、分类、要素、混合及表示体系；熟悉色彩的作用和效果，掌握照明、材质对色彩效果的影响；掌握室内色彩设计的基本原则、方法及色彩的应用。

能力目标

通过对本章的学习，能够理解色彩的产生、分类、作用和效果；能够充分认识照明、材料质感对色彩视觉效果的影响；具备室内色彩设计与应用能力。

第一节　色彩概述

一、色彩的产生

在黑暗中，我们看不到周围的色彩，而在白天我们能看见五彩缤纷的色彩，这是因为光通过三棱镜后分解成赤、橙、黄、绿、青、蓝、紫七种颜色，不同的光源所发出的光波有长有短，有强有弱，因而形成不同的色光，我们看到的物体就会呈现出不同的颜色。由于物体的表面吸收和反射不同波长色光的能力不同，人们的眼睛所能看到的物体的色彩，是直接或间接照在物体上反射出来的色光。光的运动和色光的反射是色彩形成的客观因素，而形成色彩的概念则是人对色光的主观视觉感受。

二、色彩的分类

色彩分为原色、间色、复色和补色四类。

(1)原色是指在颜色中不能再分解的，并能调配出其他色彩的色，红、黄、蓝是原色，即三原色。

(2)由两种原色调配其他色彩混合而成的色，叫作间色，如红色与黄色配为橙色，黄色与蓝色配为绿色，蓝色与红色配为紫色。

（3）复色是由两种间接色调制而成的色，如：橙色配绿色为橙绿色等。

（4）补色是指原色中的一种再间接色，或者和复色相配而成的色。

以上四种色，前三种依次又称为第一次（原色）、第二次色（间色）、第三色（复色），复色也被称为再间色。

三、色彩的三要素

1. 色相

色相即色别，是指不同颜色的相貌或名称。不同波长的光波会产生不同的色彩现象。光谱色中的红、橙、黄、绿、青、蓝、紫为基本色相，如玫瑰红、大红、朱红、橘红、土红、粉绿、中绿、草绿、翠绿、土绿等，这些都是因为波长的细微差别所致。如果红色加入白色就会混合出明度、纯度不同的暗红色，如果加入灰色就会混合出灰红色（浊色），由此可见，混合后的红色还是同一色相，只是明度、纯度不同而已，它仍保持原色相的主要特征。色相在画面构成中占有极其重要的位置，具有主导作用。

2. 明度

明度又称"光度"，是指色彩的明暗程度，同一色相的物体表面反射光线的能力不同，所以呈现出不同的明暗程度。

若把灰色系中的黑、白作为两个极端，在中间根据明度的顺序，等间隔地排列若干个灰色，就成为有关明度阶段的系列，即明度系列。靠近白端的为高明度色，靠近黑端的为低明度色，中间部分为中明度色。不同的色相在可见光谱上的位置不同，被视觉的感知程度也不同。黄色处于可见光谱的中心位置，感知度高，色彩的明度也高。紫色处于可见光谱的边缘，感知度低，色彩的明度也低。橙、绿、红、蓝明度居于黄与紫之间，这些色相依次排列，有规则地排列出明度的变化。即使是同一色相，也会有明度的变化，如深绿、中绿、浅绿。在色彩变化过程中，对色相加白后可提高其明度，加黑后则会降低其明度。

3. 纯度

纯度，又称"饱和度"或"彩度"，是指颜色的纯净程度。颜色在没有加入白和黑及灰色时纯度最高，一旦加入，则纯度减弱。一种颜色所含的有效成分越多，色彩的纯度也就越高。纯度最高的色彩是三原色。在三原色中无论加入什么颜色，其纯度都会降低。例如，在原色中加白，其纯度降低，但明度提高；在原色中加黑，其纯度降低，明度也随之降低。纯度高的色彩明快、艳丽，纯度低的色彩混浊不清，而纯度居中的色彩则平和、稳定。

四、色彩的混合

色彩的混合是指在某一种色彩中混入另一种色彩，混合之后该色的色相、明度、纯度都会发生变化。色彩混合分为加色法混合和减色法混合。

色光的三原色是红、黄、蓝，颜料的三原色是品红、黄、青。色光混合后变亮，称为加色混合；颜料混合后变暗，称为减色混合。

1. 加色混合

将两种或两种以上的色光相混合，构成新的色光的方法，称为加色混合法。

加色混合又称色光的混合，即将不同光源的辐射光投照到一起，合照出新色光，色光混合后所得混合色的亮度比参与混合的各色光的亮度都高，是各色光亮度的总和。例如，红＋绿＝黄，明度增加；绿＋紫＝蓝，明度增加；红和蓝可混合成亮红，明度增加。如果把三个原色光混合在一起，则得到白色光，白色光为最明亮的光。如果改变三原色的混合比例，还可得到其他不同的颜色。如红光与不同比例的绿光混合，可以得出橙、黄、黄绿等色；红光与不同比例的蓝紫光混合，可以得出品红、红紫、紫红、蓝等色；紫光与不同比例的绿光混合，可以得出绿蓝、青、青绿等色。如果将蓝紫、绿、红三种光按不同比例混合，可以得出更多的颜色，一切颜色都可通过加色混合得到。由于加色混合是色光的混合，因此，随着不同色光混合量的增加，色光的明度也逐渐加强，所以也叫加光混合。当全色光混合时，则可趋于白色光，它比任何色光都明亮。

加色混合效果是由人的视觉器官来完成的，因此是一种视觉混合。彩色电视的色彩影像就是应用加色混合原理设计的，彩色影像被分解成红、绿、蓝紫三种基色，并分别转变为电信号加以传送，最后在荧屏上重新由三基色混合成彩色影像管中的三原色光束组成色彩影像。加色混合法是颜色光的混合，颜色光的混合是在外界发生的，然后再作用到人们的视觉器官，也可以说是不同的光线射入视网膜，人们便看到了颜色。

2. 减色混合

利用颜料混合或颜色透明层叠合的方法获得新的色彩，称为减色法混合。

有色物体（包括颜料）之所以能显色，是由物体对色谱中色光选择吸收和反射所致。"吸收"的部分色光即为"减去"的部分色光。印染染料、颜料、印刷油墨等各色的混合或重叠，都属于减色混合。当两种以上的色料混合或重叠时，相当于在照在上面的白光中减去各种色料的吸收光，其剩余部分反射光的混合结果就是色料混合和重叠产生的颜色。色料混合种类越多，白光中被减去的吸收光就越多，相应的反射光量也越少，最后将趋近于黑色。

在颜料混合中，混合后的颜色在明度与纯度上都发生了改变，色相也会发生变化，混合颜色的种类越多，混合的颜色就越灰暗。

过去人们习惯把大红、中黄、普蓝称为颜色的三原色，从色彩学上讲，这个概念是不确切的。理想的色料三原色应当是品红（明亮的玫红）、黄（柠黄）、青（湖蓝），因为品红、黄、青混色的范围要比大红、中黄、普蓝宽得多，用减色混合法可得出：

品红＋黄＝红（白光－绿光－蓝光）；

青＋黄＝绿（白光－红光－蓝光）；

青＋品红＝蓝(白光－红光－绿光)；

品红＋青＋黄＝黑(白光－绿光－红光－蓝光)。

根据减色混合的原理，品红、黄、青按不同的比例混合，从理论上讲可以混合出一切颜色。因此，品红、黄、青三原色在色彩学上称为一次色；两种不同的原色相混合所得的色称为二次色，即间色；两种不同间色相混合所得的色称为第三次色，也称复色。

3. 中性混合

中性混合又称平均混合，是色光传入人眼，在视网膜信息传递过程中形成的色彩混合效果，介于加色混合与减色混合之间。它与色光的混合有相同之处，其表达方式有旋转混合与空间混合两种。

(1)旋转混合。旋转混合属于颜料的反射现象。将图形盘均匀涂上红绿线条并使之均匀旋转。由于混合的色彩快速、反复地刺激人视网膜的同一部位，从而得到视觉中的混合色。色盘旋转的实践证明：应用加色混合其明度提高，减色混合其明度降低，被混合的各种色彩在明度上却是平均值，因此称为中性混合。

(2)空间混合。空间混合，即将两种或两种以上的颜色并置在一起，通过一定的空间距离，从而使颜色在视觉内达成的混合效果。例如红色、蓝色点并置的画面经过一定的距离后，我们发现红色与蓝色变成了一个灰紫色，事实上，颜色本身并没有真正混合，这种所谓的混合是在人的视觉内完成的，故也叫视觉调和。空间混合的特点是混合后的色彩有跳跃、颤动的效果，因此，它与减色混合相比，明度较高，色彩丰富，效果响亮，具有一种空间的流动感。空间混合的方法被法国的印象派画家修拉、西涅克所采用，开创了画面绚丽多彩的"点彩"画法。在现代生活中，电视屏幕的成像、彩色印刷等都是利用了色彩空间混合的原理来实现的。

五、色彩表示体系

对于色彩表示体系，全世界自制国际标准色的国家有三个，代表机构是美国的蒙塞尔(MUNSELL)、德国的奥斯特华德(OSTWALD)及日本的日本色研所(P.C.C.S)。

1. 蒙塞尔色彩体系

蒙塞尔色彩体系由美国艺术家蒙塞尔(Munsell)于1898年创立，使用数字来精准地描述各种色彩，目的在于创建一个"描述色彩的合理方法"，采用的十进制计数法比颜色命名法优越，现已成为国际上分类和标定物体表面色最广泛采用的方法。1905年，蒙塞尔出版了一本颜色数标法的书，已多次再版，目前仍然被视为比色法的标准。蒙塞尔色彩体系着重研究颜色的分类与标定、色彩的逻辑心理与视觉特征等，为传统艺术色彩学奠定了基础，也是数字色彩理论参照的重要内容。

蒙塞尔系统模型为一个类似三维球体的空间模型，在赤道上是一条色带，如图5-1所示。球体轴的明度为中性灰，北极为白色，南极为黑色。从球体轴向水平方向延伸出来是不同级别明度的变化,从中性灰到完全饱和。蒙塞尔用三个因素来判定颜色,并可以全方位定义上千种色彩,其命名这三个因素(或称品质)为:色调(Hue)、明度(Value)和色度(Chroma)。

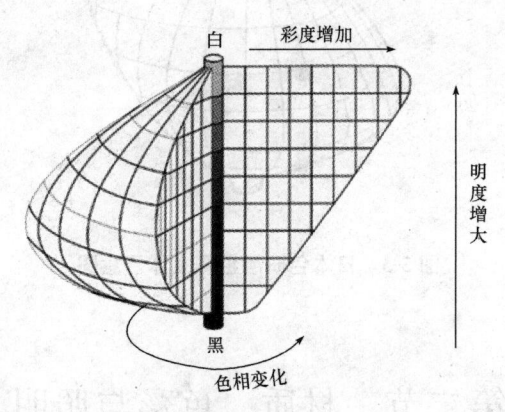

图 5-1 蒙塞尔色彩立体示意图

2. 奥斯特华德色彩体系

奥斯特华德色彩体系是由德国著名的哲学家、化学家奥斯特华德(OSTWALD)于1923年创立的。他创造的色彩体系不需要很复杂的光学测定,就能够把所指定的色彩符号化,为实际应用提供了工具。

奥斯特华德色立体与蒙塞尔色立体基本上是一致的,也是依照色彩的三要素按三维空间组合,其方向也与蒙塞尔色立体一致,但在基色的定位上有所不同,如图 5-2 所示。

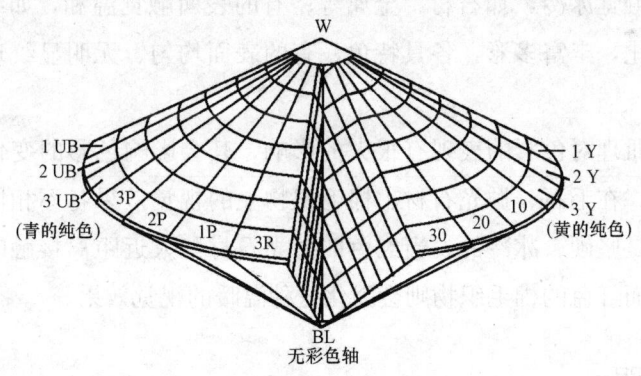

图 5-2 奥斯特华德色彩立体示意图

3. 日本色研所色彩体系

日本色研究所色彩体系是由日本色研所(P.C.C.S)于 1964 年正式发布"日本色研所配色体系",1965 年被公开采用。

日本色研所色彩体系与蒙塞尔色立体、奥斯特华德色立体原理相同,都是以色彩三要素组成三度空间的球体,24 个色相,与奥斯特华德色相数量相同,但与前两者的色立体仍有不同之处,如图 5-3 所示。

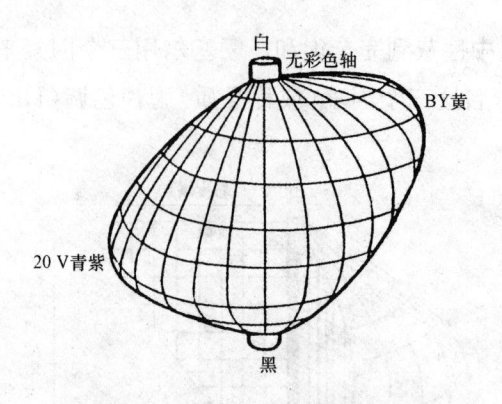

图 5-3　日本色研所色彩立体示意图

第二节　材质、色彩与照明

一、材质

建筑装饰色彩可以表现出各种物体所具有的特质。物体皆因质地不同、对光线的吸收与反射不同而形成各自的固有色，也会因光源与环境色的影响而形成独特的色彩关系。不同的材料有不同的质感。有的表面粗糙，如石材、粗砖、磨砂玻璃等；有的表面光滑，如玻璃、抛光金属、釉面陶瓷等；有的表面柔软，如织物；有的表面坚硬，如石材、金属、玻璃等；有的表面触觉冰冷，如石材、金属等；有的表面触觉温和，如织物、木材等。材料的肌理也千变万化，丰富多彩，各具特色，有的表面均匀、无明显纹理；有的表面纹理自然清晰。

材料的质感和肌理对色彩的表现有很大的影响，其会影响色彩的变化和心理感受的变化，如同样的红色，在毛石、抛光石材、棉毛织物上的视觉效果各不相同。红色给人以温暖的感觉，而石材是坚硬、冰冷的。当红色的抛光石材与人近距离接触时，就会淡化红色温暖的视觉效果，而红色的棉毛织物则会强化这种温暖的视觉效果。

二、色彩与照明

光照对色彩的影响较大，当光源色改变时，物体色必然相应改变，进而改变其心理感受。光照对色彩的影响为：

(1)强光照射下，色彩会变淡，明度提高，纯度降低；

(2)弱光照射下，色彩变模糊，色彩的明度、纯度都会降低。

因此，在装饰设计中，要综合考虑色彩与光照、质感之间的相互关系，并对其进行合理的协调，充分认识光照、材料质感对色彩视觉效果的影响，从空间环境的整体色彩关系出发，创造出既富有变化，又协调、统一的色彩环境。

第三节 色彩的作用与效果

一、色彩的心理作用

色彩的心理作用是指色彩在人的心理上产生的反应。生理心理学表明，感受器官能把物理刺激能量（如压力、光、声和化学物质）转化为神经冲动，神经冲动传达到脑而产生感觉和知觉。而人的心理过程（如对先前经验的记忆、思想、情绪和注意力集中等）都是脑较高级部位以一定方式所具有的机能，它们表现了神经冲动的实际活动。色彩的辨别力、主观感知力和象征力是色彩心理学上的三个重要问题。色彩美学主要表现在三个方面，即印象（视觉上）、表现（情感上）和结构（象征上）。例如，当认识主体置身于一个无彩色的高明度环境里，心理上就会产生一种空旷和无方向的感觉。可是，若在环境中适当进行一定的色彩处理，感觉就会大不一样，因为环境中有了吸引视觉的对象，有了视觉中心。

色彩给人的联想可以是具体的，也可以是抽象的，如使人联想起某些事物的品格和属性。

(1)红色。血与火的颜色，对人眼睛的刺激作用最为显著。红色在高饱和状态时，常使人们联想到太阳、火焰、鲜血等，象征着热烈、喜庆、吉祥、兴奋、生命、革命、激情、活泼等感情。由于红色有时也象征着恐怖和危险，所以其也多被用来表示危险的信息。如果提高红色的明度，将之转化为粉红色时，就表现出温柔、雅致、娇嫩、愉快的感情，常常给人以女性化的感受。

(2)橙色。橙色是丰收之色，象征明朗、甜美、温情和活跃，可以使人想到成熟和丰收，但有时也易引起烦躁的感觉。

(3)黄色。黄色是古代帝王的服饰和宫殿的常用色，给人以辉煌、华贵、威严、神秘的印象，还可以使人感到光明和喜悦。

(4)绿色。自然之色，生命之色，富有生机与活力，象征着生命、青春、春天、健康，代表和平与安全，给人公平、安详、宁静、智慧、谦逊的感觉。

(5)蓝色。蓝色最易使人联想到碧蓝的天空和大海，使人感到沉静、纯洁、安宁、理智和理想，但也容易引起阴郁、寂寞、冷淡等情感。

(6)紫色。紫色代表神秘和幽雅，是深受女性喜爱的色彩。紫色是红色与蓝色的中和色，偏红的紫色（即紫红色）显现出华贵、艳丽、开放的一面，而偏蓝的紫色（即蓝紫色）则突出高傲、冷峻、孤寂的效果。饱和度高的紫色常给人以高贵、庄重、神秘、优雅的感受。当紫色被淡化成淡紫色时，它便表现幽雅、浪漫、梦幻、妩媚、含蓄的魅力，是一种深受女性喜爱的色彩。在日本，紫色的衣服被视为等级较高的衣服。但在某种程度上，紫色也可使人感到阴暗和险恶。

(7)白色。白色象征清洁、纯真、光明、神圣、平和等，也可使人联想到哀怜、冷酷、平淡、乏味。

(8)黑色。黑色具有二重性，可以使人感到坚实、含蓄、庄严、肃穆，也可以使人联想起忧伤、消极、绝望、黑暗、罪恶与阴谋。黑色还有捉摸不定的感觉，也象征着权利和威严。

(9)灰色。灰色朴实大方，使人与平凡、沉默、阴冷、忧郁和绝情等产生联系。

(10)金银色。也称光泽色，具有金属感，质地坚硬，表面光亮，给人以辉煌、高雅、富贵、华丽的感受。

二、色彩的生理作用

色彩通过视觉传送到中枢神经系统引起反射，部分反射通过植物性神经引起人的生理反应。各种色彩都能对人起作用，都能影响人的心情和精神健康。据有关专家研究表明，如果在大多数的时间里处于视野内的某块平面，其色彩属于光谱的中段色彩，则在其他条件相同情况下，眼睛的疲劳程度最小。因此，从生理学角度来看，属于最佳的色彩有淡绿色、浅草绿、淡黄色、翠绿色、天蓝色、浅蓝色和白色等。但是，任何色彩都不可能对眼睛完全适宜，视觉迟早会产生疲劳。所以，可以通过周期性地使眼睛的视野从一种色彩换到另一种色彩来减轻视觉疲劳。

当人的眼睛长时间受到某种色彩的刺激后，人的肌肉机能和血液循环会发生扩张或收缩的相应变化，并造成不同的心理和情绪反应。不同的色彩，对人产生的生理作用不同。如：

(1)红色。红色能刺激神经系统，加快血液循环，增加肾上腺素的分泌，加速脉搏的跳动。接触红色过多，会使人感到身心疲惫，出现焦躁感，时间长了会感到疲劳甚至有精疲力竭的感觉。因此，起居室、卧室、会议室等场所不应过多地使用红色。

(2)橙色。刺激性较强，能够使人产生活力，诱发食欲。

(3)黄色。能够刺激神经系统和消化系统，有助于提高人们的逻辑思维能力，但大量使会产生不稳定感。

(4)绿色。绿色有助于消化和镇静，能促进身体平衡，对好动者和身心受压者很有益。自然的绿色对于克服和缓解昏厥、疲劳及消极情绪有一定的作用。

(5)蓝色。可以调节人体内的生理平衡，能缓解人的紧张情绪。

(6)橙蓝色。橙蓝色有助于放松肌肉，减少出血，还可减轻身体对病痛的敏感性。

(7)紫色。紫色对运动神经、淋巴系统和心脏系统有抑制作用，可以维持体内的钾平衡，具有安全感。

在实际设计中，应充分利用色彩的生理效应，取得适宜的空间效果和环境气氛。如餐厅可用橙色来增进人的食欲，办公室可多设置绿色植物，以缓解疲劳，提高工作效率。

三、色彩的物理作用

色彩的物理作用同物体本身对光的吸收和反射以及人的视错觉有关，其在建筑装饰设计中起着积极的调节作用，主要表现在色彩的冷暖、距离、重量、尺度和柔硬等方面。

1. 色彩的冷暖

色彩的冷暖是人们长期生活习惯的反应，常把红、橙之类的颜色称为"暖色"，把蓝类的颜色称为"冷色"。在十二色相环上，红紫色到黄绿色属于暖色；蓝绿色到蓝色属于冷色，以蓝色为最冷；紫色是由属于暖色的红色与属于冷色的蓝色合成的，绿色是由属于暖色的黄色与属于冷色的蓝色合成的，所以紫和绿称为"温色"；黑、白、灰和金、银等色称为"中性色"。

色彩的冷暖与明度、纯度有关，高明度的色彩一般有冷感，低明度的色彩一般有暖感；高纯度的色彩一般有暖感，低纯度的色彩一般有冷感。无彩色系中，白色有冷感，黑色有暖感，灰色属于中性色。

色彩的温度感不是绝对的，而是相对的。无彩色和有彩色比较，后者比前者暖，前者比后者冷；从无彩色本身来看，黑色比白色暖；从有彩色本身看，同一色彩含红色、橙色、黄色等成分偏多时偏暖，含蓝色的成分偏多时偏冷。因此，绝对地说某种色彩（如紫、绿等）是暖色或冷色，往往是不准确、不妥当的。

色彩的冷暖与色彩的明度、纯度及其表面光滑程度有关，一般来说，表面越光滑，越偏冷；表面越粗糙，越偏暖。

因此，在建筑装饰设计中，正确地运用色彩的温度效果，可以营造出特定的气氛和环境，弥补不良色彩造成的缺陷。通常，色彩的冷暖感觉差别可达3℃～4℃。因此，在不同使用要求的空间，应慎重选用主色调，同时要兼顾一年四季温度的变化特点，适当用一些中性色。

2. 色彩的距离感

色彩的距离感与色相和明度有关。明度高的色彩给人以前进的感觉，明度低的色彩给人以后退的感觉。实验表明，色彩由近感到远感依次为：红、黄、橙、紫、绿和青。

3. 色彩的重量感

色彩的重量感即通常所说的色彩的轻或重。色彩的重量感主要取决于明度，也和色相、纯度有一定的联系。明度高的色彩感觉轻，明度低的色彩感觉重，如黑色的感觉最重，而白色的感觉最轻；明度相同时，纯度高的偏轻，纯度低的偏重；从色相上来说，暖色系列略轻，冷色系列略重。

对色彩重量感的合理运用，能确保色彩关系的平衡和稳定。例如，在室内采用上轻下重的色彩配置，就给人以平衡、稳定的效果。有时，巧妙运用色彩的重量感，还可改变室内空间感觉。若室内空间感觉过高时，则天棚可采用具有下沉感的重色，地面可采用具有上浮感的轻色，使高度感减低；若室内空间矮小，则以单纯轻色为宜。只有在室内空间宽敞时，才可运用轻重感的变化。

4. 色彩的尺度感

色彩的尺度感与色相和明度有关。明度越高，膨胀感越强；明度越低，收缩感越强。一般来说，暖色为膨胀色；冷色为收缩色。

5. 色彩的柔硬感

色彩的柔硬感主要来自人们的生活经验。色彩的柔硬感主要与色彩的明度、纯度有关，一般而言，高纯度、低明度的色彩具有坚硬感；而低纯度、高明度的色彩具有柔软感。例如，无彩色中的黑色和白色给人以坚硬的感受，而灰色却具有柔软的感觉。

第四节 色彩设计原则与设计方法

一、色彩设计原则

色彩设计和装饰设计的其他部分设计一样，具有实用和审美双重功能。设计时应充分考虑室内外空间的功能与色彩的关系，以及色彩与使用者之间的关系等，创造出美观、和谐、舒适的色彩环境。色彩设计应遵循的原则如下：

(1)功能性原则。室内色彩设计应把满足室内空间的使用功能和精神功能要求放在首位，在为人服务的前提下，综合解决使用功能、经济效益、舒适美观、环境氛围等种种要求。不同使用性质的空间，对色彩环境的要求也不相同。

小学学校的教室常用黑色或深绿色的黑板以及青绿或浅黄色的墙面，其基本出发点是有利于保护儿童视力和集中学生的注意力，创造明快、活泼的气氛，使教室成为有利于教学、有利于儿童身心健康发展的场所。

商场、商店的主要作用就是展示出售商品，色彩设计应以突出商品为目的，其界面、货柜架等色彩应以简洁、淡雅的中性灰色为主，并以此来衬托色彩丰富、琳琅满目的商品。鲜肉店的墙面不宜用红或偏红的色彩，因为色彩的对比与补色残像作用会产生绿色补色，使鲜肉看起来不新鲜；相反，若用浅绿色墙面，这样的对比可使鲜肉看起来更新鲜、红润。

(2)时空性原则。时空性是指时间和空间两方面的意义。建筑的室内色彩设计尤其要注意这方面的双重意义。因为室内色彩同室内空间一起构成人的物质生活环境，人们在室内生活或工作，长时间地受到色彩的影响，对人的精神带有一定的强制性。空间序列中相连空间的色彩关系、视线移动中色彩的变化、人在空间中停留时间的长短等，都会影响色彩的视觉效果和生理、心理感受。

(3)从属性原则。色彩设计除了自身形成一定的独立、和谐的关系外，更重要的是要有一个和谐的背景环境，以衬托其中的物体，体现生活在这个环境中的使用者的性格、身份、爱好等。因此，室内环境空间所处的人和物是空间的主角，而空间界面的色彩只起从属作用。色彩的从属性还表现在室内设计的程序上，应首先选用相应的材料才能确定色彩，顺序不能颠倒。

(4)符合民族习惯和环境特点原则。色彩具有普遍性，同时也具有民族性和地域性，不同民族和地域的人们对色彩有着不同的理解和感受。例如，在我国古代，黄色是统治者的专用色彩，它象征着威严与神圣，统治者的衣食住行都与黄色有着密切的联系。而在欧洲信仰基督教的国家，黄色却是人们最忌讳的色彩，甚至会使人产生敌视意识。

另外，气候条件也是色彩设计应考虑的一个重要因素。如在南方地区，由于气候炎热，室内的色彩大多以冷色调为主；而在北方地区，气候寒冷，室内色彩大多偏暖。

(5)色彩设计的沉着性原则。为使人在生活上得到精神上的满足，多使用色彩沉着手段，即采用低明度、低彩度、低纯度的暖色为基色。就室内色彩设计而言，尽管有时可能需要鲜艳或强烈对比，但总体上应该是沉着的，尤其要达到长时间驻留不令人厌倦、短时间停留也能产生趣味的目的。值得注意的是，如果色彩明度过低，会影响室内明度，使室内环境沉闷而令人窒息。只有特定要求的房间才可采用低明度色，如舞厅、酒吧等。

(6)符合形式美原则。在设计中，要遵循统一与变化的原则，在色彩构图上处理好主基调和辅调的关系，注重色彩的平衡与稳定、色彩的节奏与韵律等美学规律的运用。

二、色彩设计方法

1. 确定色调

色彩的效果主要取决于不同颜色之间的相互联系。色彩设计必须从整体出发，把握整体与局部的主次关系，注意色彩的组合与搭配效果。

根据不同功能确定不同色彩主调。主调是指在色彩设计中以某一种或某一类色彩为主导色来构成色彩环境中的主调。主调必须反映空间主题，达到某种气氛和环境效果。一旦主调确定，无论是墙面、顶棚、地面，还是家具、陈设的色彩，都要和主调呼应，这样才能使室内环境既格调统一、完整得体，又有较强的感染力。

建筑各部分的色彩关系既相互联系又相互制约，只有统一而无变化的色彩环境平淡无趣，变化过多则会显得杂乱无章。通常的做法是以墙面、地面和顶棚作为家具、陈设的背景；以台布、窗帘等作为盆花、工艺陈设的背景。背景的纯度不宜过高，多用接近中性的颜色。总之，主色调决定了室内环境的气氛，因此，确定空间主色调是决定性的步骤，必须充分考虑空间的性格、主题、氛围要求等。一般来说，偏暖的主色调形成温暖的气氛；偏冷的主色调则产生清雅的格调。主色调一旦确定，应贯穿整个空间和设计的全过程。

2. 合理配色

室内空间具有多样性和复杂性，室内各界面、家具与陈设等内含物的造型、材料质感和色彩千变万化，丰富多彩。因此，要在主色调的基础上做好配色处理，实现色彩的变化与统一，是建筑装饰设计中色彩运用的重要任务。

地面常采用低明度、低纯度的色彩，从而取得沉着、稳定的视觉效果。地面颜色确定后，就可以此作为整体色调参考的标准。天棚的色彩一般采用高明度，以取得明朗、开阔的视觉效果，且与地面色彩形成对比关系。墙面色彩设计分外墙面和内墙面两个部分，外墙面色彩设计主要做到建筑与周围环境的和谐、统一。

3. 符合色彩构图法则

要充分发挥室内色彩的美化作用，色彩的配置必须符合形式美法则，正确处理协调与对比、统一与变化、主景与背景、基调与点缀等各种关系。具体应该做到：当主色调确定后，要通过色彩的对比形成丰富多彩的视觉效果，通过对比使各自的色彩更鲜明，从而加强色彩的表现力和感染力，但同时应注意色彩的呼应关系。在利用对比突出重点时，不能造成色彩的孤立。

4. 做好室内界面家具、陈设的色彩选择和搭配

主要是做好界面色彩的搭配、家具色彩的搭配以及陈设色彩的搭配。

第五节　色彩在室内装饰设计中的应用

色彩是表达建筑物室内体、面造型美感的一种重要的手段，色彩在室内装饰设计中的应用具体表现在色调、色块和色光三方面。

一、室内装饰的色调应用

虽然建筑室内装饰色彩是由许多色调组成的，但各部分的色彩变化都应服从于一个主色调，才能使整个室内装饰呈现互相和谐的整体性。室内色彩的整体感通常采取以一色为主、其他色辅之以突出主调的方法。常见的室内色调有调和色和对比色两类，若以调和色作为主调，室内就显得静雅、安详和柔美，若以对比色作为主调，则可获得明快、活跃和富于生气的效果。但无论采用哪一种色调，都要使其具有统一感。既可在大面积的调和色调中配以少量的对比色，以收到和谐而不单一的效果，也可在对比色调中穿插一些中性色，或借助于材料质感，以获得彼此和谐的统一效果。所以，在处理室内色彩的问题上，多采取对比与调和两者并用的方法，但要有主有次，以获得统一中有变化、变化中求统一的整体效果。在色调的具体运用上，主要是掌握好色彩的调配和色彩的配合。

二、室内装饰中的色块应用

在建筑室内装饰设计中，合理运用色块来调节室内气氛十分重要。建筑室内装饰中色彩设计在色块组合和调配上需要注意以下几点：

（1）一般用色时，必须注意面积的大小，面积小时，色的纯度可提高，使其醒目突出；

面积大时，色的纯度则可适当降低，避免过于强烈。

（2）除色块面积大小之外，色的形状和纯度也应该有所不同，使它们之间既有大有小，又有主有衬而富于变化。否则，彼此相当，就会出现刺激而呆板的不良效果。

（3）色块的位置分布对色彩的艺术效果也有很大影响，如当两对比色相邻时，对比就强烈，可以在对比色中间加入中性色（如金、银、黑、白等色），则对比效果就有所减弱。

（4）任何色彩的色块不应孤立出现，需要同类色或近似色色块与之呼应，不同对比色块要相互交织布置，以形成相互穿插的生动布局，但应注意色块在位置处理上需统一、均衡、协调，勿使一种色彩过于集中而失去美感。

三、室内装饰中的色光应用

色彩在建筑室内装饰设计上的运用，还需考虑色光问题，即结合环境、光照情况来合理运用色彩。从室内自然采光的角度来说，如果自然光线不理想，可应用色彩给以适当的调节。如东面房间有上、下午光线的强烈变化，可以采用在迎光面涂刷明度较低的冷色，而在背光面的墙上涂刷明度较高的冷色或中性色。西面房间光线的变化更强烈，且光线的温度高，所以西面房间的迎光面应涂刷明度更低些的冷色，并且整个房间以采用冷色调为宜。南面房间的光线明亮，以采用中性色或冷色为宜。北面的房间常有阴暗沉闷之感，可采用明朗的暖色，使室内光线转趋明快。在高层建筑的上部室内，由于各个方向的光线都强，应采用明度较低的冷色。

在对建筑室内装饰设色时，不仅要与日光和环境配合，而且也要与各种家具、设备、装饰造型的饰面材料的质感相配合。

本章小结

本章主要介绍了色彩的产生、分类、要素及混合，材质、色彩与照明，色彩的作用与色彩效果，室内色彩的设计原则、方法及应用等内容。色彩在建筑装饰设计中是很重要的元素。在进行装饰设计时，要综合考虑色彩与光照、质感之间的相互关系，并对其进行合理的协调。在建筑装饰色彩设计时，应充分考虑室内外空间的功能与色彩的关系，以及色彩与使用者之间的关系等，创造出美观、和谐、舒适的色彩环境。

思考与练习

一、填空题

1. 色彩的三要素有_____、_____和_____。

2. 色彩混合分为_____和_____。
3. 中性混合的表达方式有_____与_____两种。
4. 色彩在室内装饰设计中的应用具体表现在_____、_____和_____三方面。

二、选择题

1. 下列不属于光的三原色的是(　　)。

   A. 红　　　　　B. 绿　　　　　C. 蓝　　　　　D. 黄

2. 下列说法错误的是(　　)。

   A. 当红色的抛光石材与人近距离接触时,就会淡化红色温暖的视觉效果

   B. 红色的棉毛织物则强化这种温暖的视觉效果

   C. 强光照射下,色彩会变强,明度提高,纯度降低

   D. 弱光照射下,色彩变模糊,色彩的明度、纯度都会降低

3. (　　)是丰收之色,象征明朗、甜美、温情和活跃,可以使人想到成熟和丰收,有时也易引起烦躁的感觉。

   A. 红色　　　　B. 橙色　　　　C. 黄色　　　　D. 绿色

4. 下列关于色彩的生理作用说法错误的是(　　)

   A. 紫色能刺激神经系统,加快血液循环,增加肾上腺素的分泌,加速脉搏的跳动

   B. 橙色刺激性较强,能够使人产生活力,诱发食欲

   C. 黄色能够刺激神经系统和消化系统,有助于提高人们的逻辑思维能力,但大量使用会产生不稳定感

   D. 绿色有助于消化和镇静,能促进身体平衡,对好动者和身心受压者很有益

三、简答题

1. 色彩是怎样产生的?
2. 色彩的物理作用有哪些?
3. 色彩设计的基本原则有哪些?
4. 色彩的设计方法主要有哪些内容?
5. 在建筑室内装饰设计时,色彩设计在色块组合和调配上需要注意哪些事项?

第六章　建筑装饰照明设计

学习目标

通过对本章的学习，了解采光照明的基本概念与要求；熟悉室内照明的方式与分类；掌握照明设计的基本原则及建筑照明的形式；熟悉室内自然采光的方式、照明灯具的作用及种类；掌握照明灯具的选择及布置。

能力目标

通过对本章的学习，理解建筑装饰照明的基本概念、要求、设计原则及形式；能够根据照明设计形式合理选择照明灯具；具备照明灯具的设计与布置能力。

第一节　采光照明的基本概念与要求

一、光的特性与视觉效应

光是在一定波长范围内的一种电磁辐射。可视光线的波长范围在380~760 nm之间，大于760 nm的红外线和小于380 nm的紫外线，人的肉眼均无法看见。在可见光范围内，不同波长的辐射能引起人们不同的视觉感受，如700 nm为红色，580 nm为黄色，510 nm为绿色，470 nm为蓝色等。由单一波长组成的光称为单色光。严格地说，单色光几乎是不存在的，所有光源所产生的光至少要占据很窄的一段波长。激光可以说是最接近理想单色光的光源。图6-1所示为电磁波在空间以相同的速率穿行，其波长有很大的不同。

二、照度、亮度、光色

1. 照度

光源在某一方向单位立体角内所发出的光通量叫作光源在该方向的发光强度(Luminous Intensity)，单位为坎德拉(cd)。被光照的某一面上，其单位面积内所接收的光通量称为照度，其单位为勒克斯(lx)。照度是决定被照物体明亮程度的间接指标。在一定范围内，照

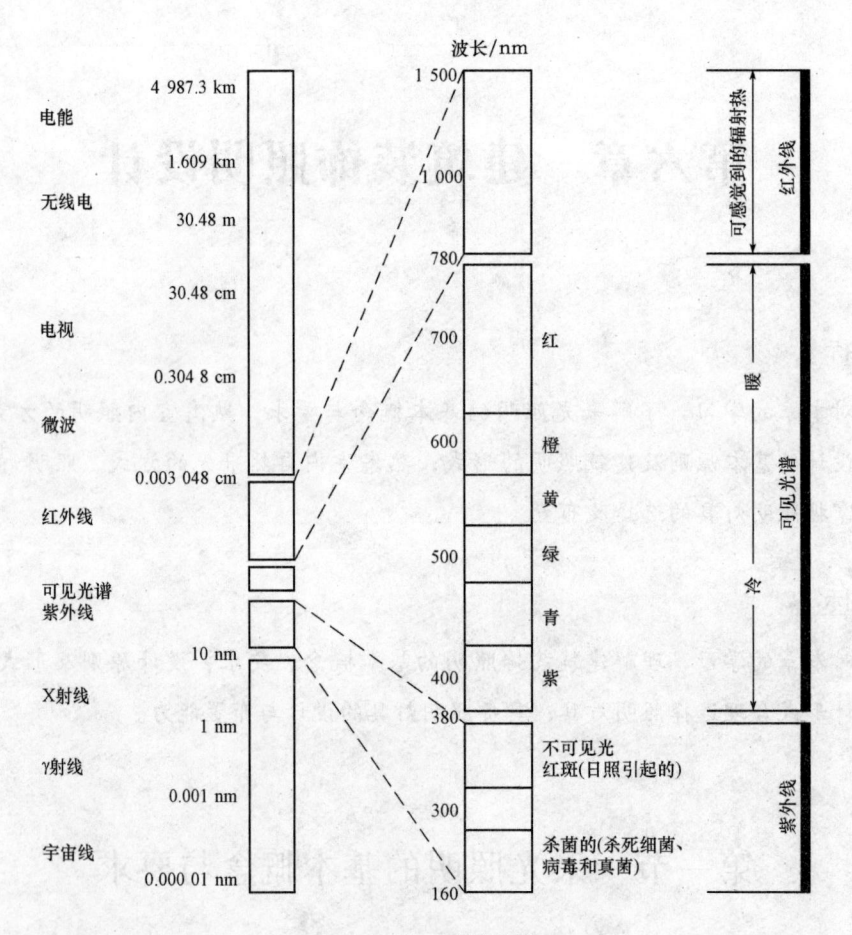

图 6-1 电磁波的特性

度增加,人的视觉功能提高。合适的照度,有利于保护视力,并提高工作与学习效率。在确定被照环境所需照度大小时,必须考虑到被照物体的大小、尺寸,以及它与背景亮度对比程度的大小,所以均匀、合理的照度是保证视觉功能的基本要求。

2. 亮度

发光物体在给定方向的单位投影面积的发光强度称为光亮度,符号是 L,单位是 cd/m^2;从单位上可以看出光亮度与被照面的反射率有关,表 6-1 列出几种发光体亮度的近似值。亮度还表示人的视觉对物体明亮程度的直观感受。例如,在同样的照度下,白纸比黑纸看起来更亮。亮度还和周围环境的亮度有关,如同样的路灯,在白天几乎不被人注意,而在晚上就显得特别亮。因此,在室内照明设计中,应当注意保证不同区域亮度的合理分布。影响亮度的评价因素有很多,如照度、表面特性、人的视觉、周围背景、对物体注视的持续时间等。

表 6-1 几种发光体亮度的近似值

序号	发光体	亮度/(cd·m^{-2})
1	满月月面	2.5×10^3
2	全阴天空	2×10^3
3	全晴天空	8×10^3
4	中午太阳圆面	1.6×10^9
5	荧光灯管	8.2×10^3
6	蜡烛火焰	1×10^4
7	白炽磨砂灯泡	5×10^4
8	白炽灯丝	2×10^6

3. 光色

光色主要取决于光源的色温(K)，影响室内的气氛。色温低时，感觉温暖；色温高时，感觉凉爽。一般色温小于 3 300 K 为暖色，色温在 3 300～5 300 K 之间为中间色，色温大于 5 300 K 为冷色。光源的色温应与其照度相适应，即随着照度增加，色温也应该相应提高。否则，低色温、高照度会使人感到酷热；而高色温、低照度又会使人感到阴森。

设计者应联系光、目的物和空间彼此关系去判断其相互影响。光的强度能影响人对色彩的感觉，就眼睛接受各种光色所引起的疲劳程度而言，蓝色和紫色最容易引起疲劳，红色与橙色次之，蓝绿色和灰青色视觉疲劳度最小。设计者应有意识地利用不同色光的灯具，使之创造出理想的照明效果，如点光源的白炽灯可与中间色的高亮度荧光灯配合。

光源的光色一般以显色指数(Ra)表示，Ra 最大值为 100，为自然光所具备；$Ra>80$ 的人工光源显色性优良；Ra 为 79～50 的人工光源显色性一般；$Ra<50$ 的人工光源显色性差。

4. 材料的光学性质

光遇到物体后，某些光线被反射，称为反射光；光也能被物体吸收，转化为热能，使物体温度上升，并把热量辐射至室内外，被吸收的光就看不见；还有一些光可以透过物体，称为透射光。这三部分光的光通量总和等于入射光通量。

当光射到光滑表面的不透明材料上(如镜面和金属镜面)时，则产生定向反射，其入射角等于反射角，并处于同一平面；如果射到不透明的粗糙表面时，则产生漫射光而使材料看起来比较柔和、粗糙。材料的透明度导致透射光离开物质并以不同的方式透射。当材料两表面平行时，透射光线方向和入射光线方向不变；当两表面不平行时，则因折射角不同，透过的光线就不平行。非定向光称为漫射光，是由一个相对粗糙的表面产生非定向的反射，或由内部的反射和折射，以及由内部相对大的粒子引起。

三、灯光的造型

灯光的造型是指三维物体在光的照射下所表现的状态，主要是由光的投射方向及直射光同漫射光的比例决定的。对一件造型艺术品的照明，可以通过选择适当的光源或调整灯光照射方向等手段反复试验。一般建筑光环境设计没有这种优越条件，而且室内的人和物往往是活动的，照明设备却相对固定。因此要求整个空间都能产生良好的造型立体感。

通常来说，平面型的作业采用方向性不强的漫射光照明可获得较好的效果。因为这种照明只有很弱的阴影，不会造成干扰，而且能减轻光幕反射。不过，在需要检验表面质地或平整度，或需要辨认像微小凹凸的细节时，应当配合局部照明，以强烈的指向性光束掠射被照表面来提高作业细节的可见度。

第二节　室内自然采光照明

一、室内自然采光照明的作用

通常将室内对自然光的利用称为"自然采光"或"采光"。自然采光可以节约能源，并且使人在视觉上更为舒适，心理上更能与自然接近、协调。室内照明的设计应尽量采用自然光线。自然采光一般结合建筑的采光口进行设计。

二、室内自然采光的方式

按照不同的采光部位和采光形式，室内自然采光有窗采光、墙采光和顶棚采光三种方式。

1. 窗采光

窗采光是指通过建筑的窗户进行采光，是建筑上最常见的一种采光形式。通过普通窗户采得的光线，具有方向性强的特点，有利于在室内形成阴影。其缺点是在室内的照度不均匀，室内只有部分区域有光照，容易造成其他区域照度不足。这种采光形式广泛应用在住宅、办公室、宾馆以及其他公共场所中。

2. 墙采光

墙采光多指通过玻璃幕墙、落地玻璃等大面积的透明墙体进行采光的形式。玻璃幕墙是指用铝合金或其他金属轧成的空腹型杆件做骨架、以玻璃封闭而成的房屋围护墙。落地玻璃则由强度较高的钢化玻璃制成。这种采光方式不仅能够大面积地引入自然光线，而且能将室外良好的自然景观融入室内。这种采光方式多用于办公楼、火车站等大型公共建筑。

3. 顶棚采光

顶棚采光是指在建筑顶部，通过天窗或设置透明装置进行采光。其采光形式也分为大窗采光、玻璃顶棚采光等多种形式。一些大的采光口多结合中庭布置，在营造良好的室内空间的同时，使光线得到最大限度的利用。采用这种形式的采光，光线从房间的顶部照射下来，在室内形成的照度分布较均匀。另外，采光口的形式、顶部的遮挡情况等都会影响到室内的采光效果。这种采光方式在商场、博物馆以及一些地下建筑中应用较多。

第三节 室内人工照明

一、室内人工照明方式

照明方式是指照明设备按其安装位置或使用功能而构成的基本形式，可分为一般照明、局部照明、混合照明、成角照明等。

1. 一般照明

将灯具规则地布置在整个场所的照明方式被称为一般照明。一般照明可使整个场所都能获得均匀的水平照度，适用于工作位置密度很大而对光照方向无特殊要求的场所，或用于受生产技术条件限制、不适合装设局部照明或不必采用混合照明的场所。如仓库、某些车间、办公室、教室、会议室、候车室、营业大厅等。

2. 局部照明

为满足某些局部的特殊光照要求，在较小范围内或有效空间内可采用辅助照明的布置方式。它是在工作部位附近专门为照亮工作点而设置的照明装置。局部照明通常用于照度要求高且对光线方向性有特殊要求的地方，如台灯、床头灯、落地灯、定向射灯等。局部照明能合理利用能源，但要注意慎用单独的局部照明，以避免工作点与周围环境产生较大的亮度对比，不利于视觉工作。

3. 混合照明

混合照明是整体照明和局部照明相结合的照明，是在整体照明的基础上再加强局部照明，有利于提高照度和节约能源。混合照明适用于照度要求高、对照射方向有特殊要求、工作位置密度不大而一般照明不能满足其需求的场所，常用于商场、展览馆、医院、体育馆、车间等。

4. 成角照明

成角照明是采取特别设计的反射罩，使光线射向主要方向的一种照明方式。这种照明多用于墙表面的照明，是为了表现装饰材料质感需要而采用的。

二、室内人工照明种类

(一)按灯具散光光量分类

1. 直接照明

直接照明是指绝大部分的灯光直接照射到物体上,其特点是光效高、亮度大、构造相对简单、适用范围广,常用于对光照无特殊要求的整体环境照明和对局部地点需要高照度的局部照明,如裸露装设的荧光灯和白炽灯均属此类[图6-2(a)]。

2. 半直接照明

在半直接照明灯具装置中,有60%～90%的灯光向下直射到工作面上,而其余10%～40%的灯光则向上照射。半直接照明亮度较大,不刺眼,常用于商场、办公室等场所[图6-2(b)]。

3. 漫射照明

漫射照明装置对所有方向的照明亮度几乎都一样,为了控制眩光,漫射装置圈要大,灯的瓦数要低[图6-2(c)]。

为了避免顶棚过亮,上述三种照明下吊的照明装置的上沿低于顶棚30.5～46 cm。

4. 半间接照明

半间接照明是指光源的60%～90%的光量是经过反射后照射到被照物体上,10%～40%的直射光投射到被照物体上的照明方式。这种照明减少了阴影的出现[图6-2(d)]。

5. 间接照明

间接照明是由于将光源遮蔽而产生,把90%～100%的光射向顶棚、穹隆或其他表面,从这些表面再反射至室内。当间接照明紧靠顶棚时,几乎可以造成无阴影,是最理想的整体照明。从顶棚和墙上端反射下来的间接光,会造成顶棚升高的错觉,但单独使用间接光,则会使室内平淡无趣[图6-2(e)]。

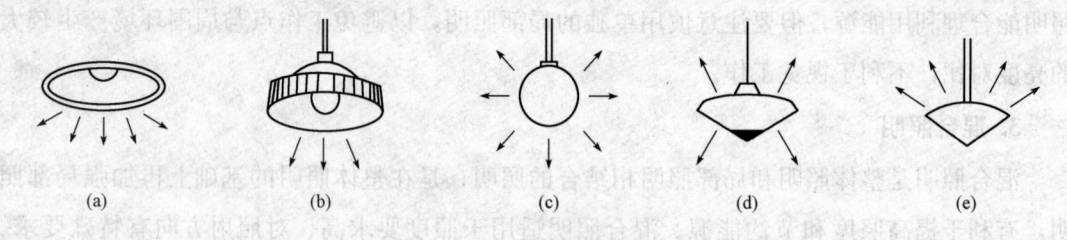

图6-2 照明方式

(a)直接照明;(b)半直接照明;(c)漫射照明;(d)半间接照明;(e)间接照明

(二)按照明用途分类

根据照明的用途不同,人工照明可分为正常照明、事故照明、警卫照明、值班照明、障碍照明、装饰照明、艺术照明等。

第四节　照明设计原则

一、室内照明设计原则

1. 实用性

实用是设计的出发点和目的，因此设计应从室内整体环境出发，全面考虑光源位置、光线的质量、投射方向和角度等因素，使室内空间的功能、使用性质、空间造型、色彩、家具与陈设等因素相互协调，以取得整体统一的室内环境效果。

2. 安全性

设计选择照明系统时，要自始至终坚持安全第一的原则。在满足实用与舒适的基础上应保证照明的安全性，防止发生漏电、触电、短路、火灾等意外事件。电路和配电方式的选择及插座、开关的位置等，都应符合用电的安全标准，并采取可靠的用电安全措施。

3. 经济性

经济性原则包含两方面内容：一方面是节能，照明光源和系统应符合建筑节能有关规定和要求；另一方面是节约，照明设计应从实际出发，尽可能地减少一些不必要的设施。同时，还要积极地采用先进技术和先进设施，不能片面地以经济为理由，拒绝采用先进技术和先进设施。

4. 舒适性

舒适性是指以良好的照明质量给人们心理和生理上带来舒适感。照明设计要保证室内有合适的照度，以利于室内活动的开展；同时，要以和谐、稳定、柔和的光质给人以轻松感；要创造出生动的室内情调和气氛，使人感到心理上的愉悦。

5. 美观性

灯光照明还具有装饰空间、烘托气氛、美化环境的功能，对于装饰要求较高的房间，装饰设计往往会对光源、灯具、光色的变换及局部照明等提出一些要求，因此，照明设计要尽可能地配合室内设计，满足室内装饰的要求；对于一般性房间的照明设计，也应从美观的角度选择、布置灯具，使之符合人们的审美习惯。

二、室内照明作用与艺术效果

1. 丰富室内空间，创造室内气氛

光的亮度和色彩是决定气氛的主要因素，光的刺激能影响人的情绪，一般来说，亮的房间比暗的房间更为刺激，但是这种刺激必须和空间所应具有的气氛相适应。极度的光和噪声，都是对环境的一种破坏。

灵活利用电光源的强弱、动静、虚实、隐现、扬抑、光色以及投射角度和范围等手法，可以生动渲染室内的气氛，改善空间的层次比例。不同的色光会对人的生理和心理产生不同的影响，进而突出室内的主调中心，增添环境艺术美感的效果，营造出最佳的室内氛围。在利用光色设计室内环境时，既要使各种色彩达到和谐、统一，也要突出和服从主体基调，从而达到理想、和谐、完美的效果。例如，现代家庭可用一些装饰灯具来点缀起居室、餐厅，以增加欢乐的气氛(图6-3)。

图6-3 家庭居室装饰灯具的选用

2. 加强空间感和立体感

空间的不同效果，可以通过光的作用充分表现出来。在室内空间对光的处理一般有以下几点：

(1)室内空间较小时，尽量不要使灯具露在外面，一般将其设在顶棚里。

(2)用直射光线来强调顶棚和墙面，会使小空间变大，而要使大空间变小以获得私密感，可用吊灯或使四周墙面较暗，并用射灯强调重点。

(3)对较低空间的处理一般用向上光线照在浅色天花板上。

(4)用灯光强调浅色的反射面会在视觉上延展一个墙面，从而使较窄的空间显得较宽敞；而采用深色的墙面，并用射灯集中照射会减少空间的宽敞感。

(5)室内空间的开敞性与光的亮度成正比，亮度高的房间感觉要大一点，亮度低的房间感觉要小一点。

(6)漫射光能使空间扩大；直射产生的光与影的对比，能加强空间的立体感。

(7)以点光源直接照射在粗糙质地的墙面上，能加强墙面的质感。

(8)通过不同光的特性和室内亮度的不同分布，使室内空间显得更有生机。

(9)利用光来加强或削弱需要突出或淡弱的地方。

(10)底部照明可使物体和地面"脱离",形成悬浮的效果,使空间显得空透、轻盈,如楼梯和台阶,在踏面的底部设置灯具。

3. 塑造光影艺术

光和影是一种特殊性质的艺术,当阳光透过树梢时,在地面洒下一片光斑,疏疏密密、随风变幻,这种艺术魅力是独特的。室内设计应该利用各种照明装置,在恰当的部位,以生动的光影效果来丰富室内的空间,既可以表现光为主,也可以表现影为主,也可将光影同时表现。图 6-4 所示为界面的反光和灯具结合形成光影变化。

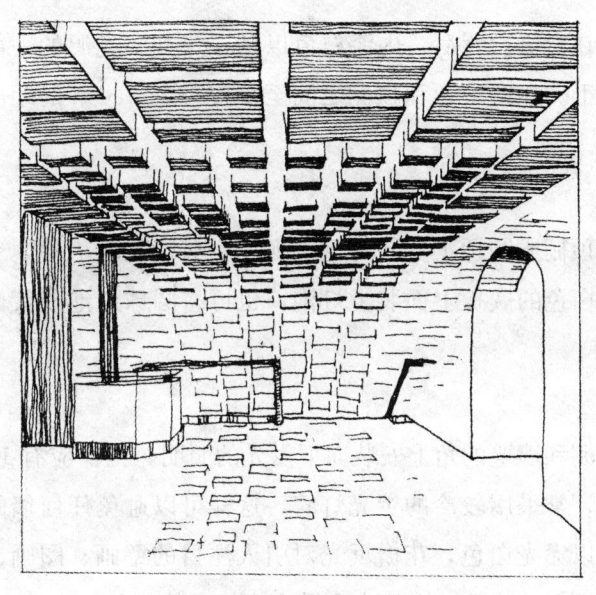

图 6-4 界面的反光与灯具结合形成光影变化

装饰照明是以照明自身的光色造型作为观赏对象,通常利用点光源通过彩色玻璃射在墙上,产生各种色彩形状。用不同光色在墙上构成光怪陆离的抽象"光画",是表现光艺术的又一领域。

第五节 建筑照明

一、建筑照明的基本概念

建筑照明是指将建筑和照明融为一体,使建筑物的一部分光彩夺目的照明方式。如在建筑物内部安装上光源或照明器具,采用埋入式,利用建筑物的表面反射或透过光线。

大面积的建筑照明不宜过多地使用吊灯,通常多用嵌入式或半嵌入式建筑化照明。这样可以避免凸出灯具,使空间显得整齐美观。建筑照明可将照明灯具、空调设备、消声设备、防灾设施等统一布置安装，并将建筑物横梁及设备管道等隐蔽起来，使整个建筑物更美观。

光源布置应与建筑相结合，这不但有利于利用顶面结构和装饰顶棚之间的巨大空间，隐藏照明管线和设备，而且可使建筑照明成为整个室内装饰的有机组成部分，达到室内空间完整、统一的效果，对于整体照明更为合适。

二、建筑照明的形式

1. 窗帘照明

将荧光灯管安置在窗帘盒背后，内漆白色以利于反光。光源的一部分朝向顶棚，一部分向下照在窗帘或墙上。在窗帘顶和顶棚之间至少应有 25.4 cm 的距离，窗帘盒可将设备和窗帘顶部隐藏起来。

2. 镶板式照明

镶板式照明即在顶棚或圆顶上安装灯泡的照明，其适用于大厅、餐厅、门厅等处，显得格外豪华。可在乳白色的嵌板上面装上灯泡，也可将圆球灯泡或荧光灯吊在中心，靠顶棚反射的光来照明。

3. 花檐照明

花檐照明是在顶棚和墙壁的角上安装向下发光的照明，至少应有 15.24 cm 深度，荧光灯板布置在檐板之后，常采用较冷的荧光灯管，这样可以避免任何墙的变色。为现有最好的反射光，面板应涂以无光白色，花檐反光对引人注目的壁画、图画、墙面的质地是最有效的，特别适用于低顶棚的房间，以给人顶棚高度较高的印象。

4. 发光顶棚照明

发光顶棚照明即在整个顶棚上安装日光灯管，在其下边安装扩散板（乳白透明片），得到扩散光的照明。其光源隐藏在半透明的板后，即使装上很多照明器具，眩光也很少，所以适于高度照明，多用于门廊、展览室等处。在照度低的情况下，容易产生阴天似的感觉。另外，扩散板面存在亮度不均的问题，所以该形式不是十分理想。灯的间隔及灯与扩散板间隔的关系，也须充分考虑。

5. 发光墙架照明

发光墙架照明是由墙上伸出的悬架照明，其布置的位置要比窗帘照明低，并和窗无必然的联系。

6. 满天星照明

满天星照明即整个顶棚根据一定间距装上灯，在它下边装上搁栅的照明。扩散光受搁栅结构的影响，搁栅的反射率决定顶棚的亮度。在反射率低的情况下，搁栅效率低，工作面的照度也变低。

7. 底面照明

任何建筑构件下部底面均可作为底面照明，某些构件的下部空间为光源提供了一个遮蔽空间，这种照明方法常用于浴室、厨房、书架、镜子、壁龛和搁板。

8. 光带照明与光梁照明

光带照明即镶嵌在顶棚的长久性发光照明。日光灯管不直接射到眼睛上，而安装遮光板或扩散板，可以降低眩光。

光梁照明即将梁状的乳白塑料、乳白玻璃罩安装在顶棚上，中间装上灯管。安装方法有直接安装和半嵌入式两种。

9. 泛光照明

加强垂直墙面上照明的过程被称为泛光照明，起到柔和质地和阴影的作用。泛光照明可以有各种方式。

10. 平衡照明

安装在窗帘盒上边部分的照明。射到上方的光将顶棚照亮，射到下方的光将窗帘照亮。之所以称为"平衡照明"，是因为使光照到上下两方。距顶棚的间隔狭小（25 cm 以下）时，顶棚局部会变亮，因此应注意。

11. 导轨照明

导轨照明常用于现代居室的装饰，是将灯支架附在一个凹槽或装在面上的电缆槽上，布置在轨道内的圆辊可以很自由地转动，轨道可以连接或分段处理，做成不同的形状。这种灯能强调或平化质地和色彩，主要取决于灯所在的位置和角度。

12. 高、低托架照明

高托架照明即安装在墙壁上部的照明，其使光射到上方、下方，与平衡照明一样，使墙壁面形成美丽亮度层次。关于遮光，和平衡照明一样需要注意。托架的安装高度要根据门窗的高度来决定。如果与门窗无关时，可考虑与墙面平衡决定适当的高度。

低托架照明即在墙壁下部的照明，其能使光射到上方、下方，作为床头照明和洗涮池操作照明使用。托架的安装高度要根据操作的高度来决定。这时遮光要考虑操作者坐和站的位置以及眼睛的高度，要注意眼睛不应直视灯光。托架的长度由家具或房间的大小来决定。

13. 环境照明

环境照明是指将照明与家具陈设结合，常用于办公系统中。其光源布置与完整的家具和活动隔断结合在一起，如家具的无光光洁度面层具有良好的反射光质量，在满足工作照明的同时，适当增加可满足环境照明的需要。家具照明也常用于卧室及图书馆的家具上。

三、电光源

(一)电光源的种类及特点

电光源按其发光物质的种类可分为固体发光光源和气体放电发光光源两大类，如表 6-2 所示。

表 6-2　电光源的分类

电光源	固体发光光源	热辐射光源	白炽灯
			卤钨灯
		电致发光光源	场致发光灯(EL)
			半导体发光二极管(LED)
	气体放电发光光源	辉光放电灯	氖灯
			霓虹灯
		弧光放电灯	低气压灯　荧光灯
			低气压灯　低压钠灯
			高气压灯　高压汞灯
			高气压灯　高压钠灯
			高气压灯　金属卤化物灯
			高气压灯　氙灯

1. 白炽灯

白炽灯内装钨质灯丝，发光效率为 10～15 lm/W，色温为 2 800 K 左右，显色性好，额定寿命为 1 000 小时，中国已有从 15 W 到 1 000 W 不同功率的系列产品。灯头形式有螺口式和卡口式两种。常用于室内一般照明，还可用于照度要求较低的室外照明。反射型白炽灯的光束能定向发射，光能利用率高，一般用于橱窗、展览馆和需要聚光照明的场所。

2. 卤钨灯

卤钨灯内装钨质灯丝，并充以一定量的碘和溴或其化合物。卤钨灯利用卤钨循环化学反应原理，大大减少了钨丝的蒸发和灯泡发黑程度。卤钨灯的发光效率和额定寿命都比白炽灯高。卤钨灯常被做成管状，尺寸小，功率为 35 W～1 000 W，色温为 2 700～3 300 K，显色性好，额定寿命约 1 500 小时，光通量稳定，多用于室内重点照明。

3. 荧光灯

荧光灯是良好的室内照明光源，发光效率大大高于白炽灯，一般为 30～60 lm/W，光效高的可达 90 lm/W。荧光灯的光色分日光色、冷白色和暖白色三种。高显色荧光灯是采用三基色荧光粉，显色指数可达 80 以上，寿命为 1 500～5 000 小时。在使用时应配备相应的镇流器和启辉器。高显色荧光灯多用于显色要求高的印染厂、印刷厂、商场和电视演播室的照明。直管形荧光灯的功率是从 6 W 到 40 W，最高可达 125 W。这种灯适用于建筑大厅、大型商店和精密加工车间照明。为改善照明性能，可采用异形荧光灯(如环形荧光灯)作光源。在室内照明中，还广泛使用新发明的体积小、光效高的紧凑型节能荧光灯。

4. 高强度气体放电灯

高强度气体放电灯是高压汞灯、金属卤化物灯、高压钠灯等的总称。这类灯功率大，发光效率高，寿命长，结构紧凑，体积小，大部分用作道路、广场、运动场等处的室外照明，也用于中高顶棚的工厂、体育馆、礼堂和大型商场的室内照明。

(1)高压汞灯：包括荧光高压汞灯和自镇流高压汞灯，功率由 50 W 到 1 000 W，发光效率为 40～50 lm/W，显色指数为 40～45，额定寿命为 5 000 小时。

(2)金属卤化物灯：类似高压汞灯，是在发光管中增添金属卤化物，因此，发光效率提高到 60～120 lm/W，显色指数提高到 60～85，额定寿命为 7 000～10 000 小时。

(3)高压钠灯：高压钠蒸气放电灯，发光呈金白色，发光效率高达 90～140 lm/W，色温为 2 000 K 左右，显色性差，显色指数为 20～25，额定寿命为 12 000 小时，功率为 35～1 000 W。

5. 低压钠灯

低压钠灯也叫作低压钠蒸气放电灯，发光呈纯黄色，发光效率高达 130～200 lm/W，功率为 18～200 W，显色性差，适用于道路照明。

(二)常用照明电光源的选择

1. 常用照明电光源的主要特性比较

常用照明电光源的主要特性比较如表 6-3 所示。

表 6-3 常用照明电光源的主要特性比较

光源名称	普通白炽灯	卤钨灯	荧光灯	荧光高压汞灯	管形氙灯	高压钠灯	金属卤化物灯
额定功率范围/W	10～100	500～2 000	6～125	50～1 000	1 500～100 000	250～400	400～1 000
光效/(lm·m^{-1})	6.5～19	19.5～21	25～27	30～50	20～37	90～100	60～80
平均寿命/h	1 000	1 500	2 000～3 000	2 500～5 000	500～1 000	3 000	2 000
一般显色指数/(Ra)	95～99	95～99	70～80	30～40	90～94	20～25	65～85
启动稳定时间	瞬时	瞬时	1～3 s	4～8 min	1～2 s	4～8 min	10～15 min
再启动时间	瞬时	瞬时	瞬时	5～10 min	瞬时	10～20 min	10～15 min
功率因数/cosφ	1	1	0.33～0.7	0.44～0.67	0.4～0.9	0.44	0.4～0.61
频闪效应	不明显				明显		
表面亮度	大	较大	小	较大	大	较大	大
电压变化对光通的影响	大	大	较大	较大	较大	大	较大

续表

光源名称	普通白炽灯	卤钨灯	荧光灯	荧光高压汞灯	管形氙灯	高压钠灯	金属卤化物灯
环境温度对光通量的影响	小	小	大	较小	小	较小	较小
耐振性能	较差	差	较好	好	好	较好	好
所需附件	无	无	镇流器 启辉器	镇流器	镇流器① 触发器	镇流器	镇流器 触发器②

注：①小功率管形氙灯需用镇流器，大功率可不用镇流器；
②1 000 W钠铊铟灯目前需用触发器启动。

2. 电光源的选择原则

电光源的选择应遵循以下原则：

(1)按照明要求选择光源。不同场所对照明的要求也不同，具体表现在对光源的色温、显色性等的要求不同，如餐厅中的光源对显色性要求比较高，而街道的照明则对光源的光效及透雾性要求较高，对显色性则不做较高的要求。

(2)按环境条件选择光源。如在潮湿或有防爆要求的环境中，光源的选择重点应放在防潮或防爆的性能上。

(3)按经济合理性选择光源。光源的选择不能一味地要求高标准，而应在满足使用和景观要求的条件下，尽量采用高光效、低污染的电光源，从而减少照明的使用和维护费用。

(4)以实施绿色照明为基点选择光源。以节约能源、保护环境的绿色照明为基本出发点，并以提高人们的生产、工作、学习效率和生活质量，保护身心健康为最终目标。

四、照明灯具

(一)照明灯具的作用

建筑装饰设计中，照明灯具的作用已经不仅仅局限于照明，更多起到的是装饰作用。照明灯具主要有以下作用：

(1)固定光源，让电流安全地流过光源。如对于气体放电灯灯具，通常应提供安装镇流器、功率因数补偿电容和电子触发器的地方。

(2)对光源和光源的控制装置提供机械保护，支撑全部装配件，并和建筑结构件连接起来。

(3)控制光源发出光线的扩散程度和视线需要的配光，防止直接眩光。

(4)保证特殊场所的照明安全，如防爆、防水、防尘等。

(5)装饰和美化室内外环境，特别是在民用建筑中，可以起到装饰的作用。

(二)照明灯具的种类

照明灯具按不同的分类方法，可以分为很多种类。

1. 按灯具的功能分类

照明灯具按功能可分为装饰灯具和功能灯具两类。

(1)装饰灯具由装饰部件和照明光源组合而成，除适当考虑照明效率和防止眩光等要求外，主要以造型美观来满足建筑设计的需要。

(2)功能灯具的作用是重新分配光源的光通量，提高光的利用效率和避免眩光，创造适宜的光环境。在潮湿、腐蚀、易爆、易燃等环境中使用的特殊灯具，其灯罩还起隔离保护作用。

2. 按灯具使用场所分类

照明灯具按使用场所可分为室内照明灯具和室外照明灯具两类。

(1)室内照明灯具，通常按总光通量在空间的上半球和下半球的分配比例把照明灯具分为直接型、半直接型、漫射型、半间接型、间接型五种。不同类型灯具的光分布和照明特征如表6-4所示。

表6-4 按总光通量在空间的上半球和下半球的分配比例分类

类 型		直接型	半直接型	漫射型	半间接型	间接型
光通量分布特性（占照明器总光通量）	上半球	0%～10%	10%～40%	40%～60%	60%～90%	90%～100%
	下半球	100%～90%	90%～60%	60%～40%	40%～10%	10%～0%
特 点		光线集中，工作面上可获得充分照度	光线能集中在工作面上，空间也能得到适当照度，比直接型眩光小	空间各个方向发光强度基本一致，可达到无眩光	增加了反射光的作用，使光线比较均匀、柔和	扩散性好，光线柔和均匀，避免了眩光，但光的利用率低
示意图						

(2)室外照明灯具，主要是泛光灯。泛光灯又称投光器，是利用反射镜、透射镜和格栅把光线约束在一个较小立体角内而成为强光源，常用于大型建筑夜景照明。

3. 按灯具固定方式分类

照明灯具按其固定方式，可分为吊灯、吸顶灯、壁灯、嵌入式灯具、暗槽灯、台灯、落地灯、发光顶棚、高杆灯、草坪灯等，不同类型灯具的特征及适用场所如表6-5所示。

表6-5 按灯具固定方式分类

安装方式	吸顶式灯具	嵌入式灯具	悬吊式灯具	壁式灯具
特征	(1)顶棚较亮 (2)房间明亮 (3)眩光可控制 (4)光利用率高 (5)易于安装和维护 (6)费用低	(1)与吊顶系统组合在一起 (2)眩光可控制 (3)光利用率较吸顶式低 (4)顶棚与灯具的亮度对比大，顶棚暗 (5)费用高	(1)光利用率高 (2)易于安装和维护 (3)费用低 (4)顶棚有时出现暗区	(1)可照亮壁面 (2)易于安装和维护 (3)安装高度低 (4)易形成眩光
适用场所	适用于低顶棚照明场所	适用于低顶棚但要求眩光小的照明场所	适用于顶棚较高的照明场所	适用于装饰照明，兼用于加强照明和辅助照明

4. 按灯具结构分类

(1)开启式：灯具光源与外界环境直接相通。

(2)保护式：灯具具有闭合的透光罩，但内外仍能自由通气，如半圆罩天棚灯和乳白玻璃球形灯等。

(3)密闭式：灯具透光罩将灯具内外隔绝，如防水防尘灯具。

(4)防爆式：灯具在任何条件下，不会产生因灯具引起爆炸的危险。

(三)照明灯具的选择

1. 灯具的选用原则

建筑装饰设计中，照明灯具的选择应遵循既能满足使用功能和照明质量的要求，又便于安装维护、长期运行费用低的原则，具体应考虑以下几个方面：

(1)光学特性，如配光、眩光控制等。

(2)经济性，如灯具效率、初始投资及长期运行费用等。

(3)特殊的环境条件，如有火灾危险、爆炸等危险的环境，有灰尘、潮湿、振动和化学腐蚀等环境。

(4)灯具外形应与建筑物相协调。

2. 光源的选择

选择照明灯具时，首先要选择照明灯具所配用的光源。光源的种类应按照明的要求、使用环境的条件和光源的特点来选取。常用光源的适用场所如表6-6所示。

表 6-6　常用光源的适用场所

光源种类	适用场所
白炽灯	(1)要求照度不高的场所 (2)局部照明，应急照明 (3)要求频闪效应小或开关频繁的地方 (4)需要防止电磁波干扰的场所 (5)需要调光的场所
荧光灯	(1)照度要求较高、显色性好、悬挂高度较低的场所 (2)需要正确识别颜色的场所
荧光高压汞灯	照度要求高，但对光色无特殊要求的场所
金属卤化物灯	厂房高、要求照度较高、光色较好的场所
高压钠灯	(1)要求照度高，但对光色无要求的场所 (2)多烟尘的场所

3. 经济性

照明灯具的经济性是由初投资和年运行费用两个因素决定的。在保证满足使用功能和照明质量要求的前提下，应对可选择的灯具和照明方案的经济性进行比较。一般情况下，应选择光效高、寿命长的照明灯具。

4. 环境条件

(1)在正常环境中，应选用开启型照明灯具。

(2)在潮湿或特别潮湿的场所，应选用密闭型防水防尘灯或带防水灯头的开启型照明灯具。

(3)在有腐蚀性气体和蒸汽的场所，应选用耐腐蚀性材料制成的密闭型照明灯具。

(4)在有爆炸和火灾危险的场所，应按其危险场所的等级选择相应的照明灯具；含有大量粉尘但非爆炸和火灾危险的场所，应采用防尘照明灯具。

(5)有较大震动的场所，应选用有防震措施的照明灯具。

(6)安装在易受机械损伤位置的照明灯具，应加装保护网或采取其他保护措施。

(四)照明灯具的布置

在建筑装饰照明设计中，照明灯具的布置是否合理还会影响到照明装置的安装容量、投资费用以及维修和安全等。照明灯具的布置要根据建筑的结构形式和视觉工作的特点，房间的装修风格，家具、床位的摆设和车间内生产设备的分布情况来决定。

照明灯具的布置即确定灯具在房间内的空间位置，包括灯具的高度布置和水平布置两部分内容。

1. 灯具的高度布置

灯具的高度布置应考虑以下因素：保证电气安全、限制直接眩光、便于维修管理、和建筑尺寸配合、防止晃动、提高经济性等。

照明灯具距地面的最低悬挂高度如表 6-7 所示。

表 6-7 照明灯具距地面的最低悬挂高度

光源种类	灯具形式	光源功率/W	最低悬挂高度/m
白炽灯	有反射罩	≤60	2.0
		100～150	2.5
		200～300	3.5
		≥500	4.0
	有乳白玻璃反射罩	≤100	2.0
		150～200	2.5
		300～500	3.0
卤钨灯	有反射罩	≤500	6.0
		1 000～2 000	7.0
荧光灯	无反射罩	<40	2.0
		>40	3.0
	有反射罩	≥40	2.0
荧光高压汞灯	有反射罩	≤125	3.5
		250	5.0
		≥400	6.5
高压汞灯	有反射罩	≤125	4.0
		250	5.5
		≥400	6.5
金属卤化物灯	搪瓷反射罩	400	6.0
	铝抛光反射罩	1 000	14.0
高压钠灯	搪瓷反射罩	250	6.0
	铝抛光反射罩	400	7.0

注：1. 表中规定的灯具最低悬挂高度在下列情况下可低 0.5 m，但不应低于 2 m：
　　 一般照明的照度低于 30 lx 时；房间长度不超过灯具悬挂高度的 2 倍时；人员短暂停留的房间。
　　2. 当有紫外线防护措施时，悬挂高度可适当降低。

2. 灯具的水平布置

灯具的水平布置需要考虑以下因素：

(1) 与建筑结构配合，做到满足功能、照顾美观、防止阴影、方便施工。

(2) 与室内设备布置情况相配合，尽量靠近工作面，但不应装在大型设备的上方。

(3) 应保证用电安全，和裸露导电部分应保持规定距离。

(4) 应考虑经济性。

常用照明灯具的水平布置如图 6-5 所示。

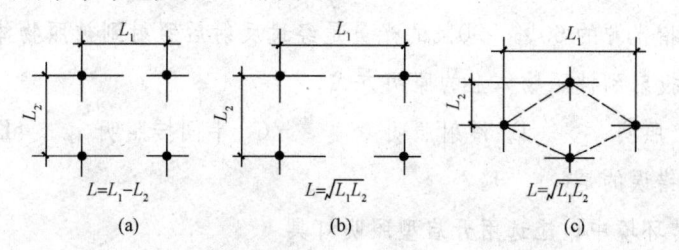

图 6-5 灯具的水平布置形式

(a) 正方形；(b) 矩形；(c) 平行四边形或菱形

L_1：一排布灯中的灯间距离； L_2：两排布灯间的垂直距离

本章小结

本章主要介绍了采光照明的基本概念及要求、室内自然采光照明、室内人工照明、照明设计原则、建筑照明等内容。建筑装饰照明主要是通过一些色彩和动感上的变化，以及智能照明控制系统等，在基础照明的情况下，添加一些照明灯具来装饰，为环境增添气氛。建筑装饰照明不同于一般照明，其对艺术性、功能性要求较高。

思考与练习

一、填空题

1. 可视光线的波长范围在_____nm 之间，大于_____nm 的红外线和小于_____nm 的紫外线，人的肉眼均无法看见。

2. 按照不同的采光部位和采光形式，室内的自然采光分为_____、_____和_____三种方式。

3. 被光照的某一面上，其单位面积内所接收的光通量称为_____，其单位为_____。它是决定被照物体_____的间接指标。

4. 一般情况下，照明可分为_____、_____、_____、_____几种。

5. 灯光的造型是指_____的状态。

6. 照明灯具的布置就是确定灯具在_____位置，包括确定灯具的_____和_____两部分内容。

二、选择题

1. 色温低时，感觉温暖；色温高时，感觉凉爽。一般色温小于(　　)K 为暖色。
   A. 3 300　　　　B. 3 400　　　　C. 3 500　　　　D. 3 600

2. (　　)是指光源的 60%～90% 的光量是经过反射后照射到被照物体上，10%～40% 的直射光投射到被照物体上的照明方式。
   A. 半直接照明　　B. 漫射照明　　C. 半间接照明　　D. 间接照明

3. 下列说法错误的是(　　)。
   A. 在正常环境中，应选用开启型照明灯具
   B. 在潮湿或特别潮湿的场所，应选用密闭型防水防尘灯或带防水灯头的密闭式照明灯具
   C. 在有腐蚀性气体和蒸汽的场所，应选用耐腐蚀性材料制成的密闭型照明灯具
   D. 有较大震动的场所，应选用有防震措施的照明灯具

三、简答题

1. 材料的光学特性是什么？
2. 室内照明设计的原则是什么？
3. 在室内空间一般应对光做哪些处理？
4. 建筑照明的形式有哪些？
5. 照明灯具的选用应遵守哪些原则？
6. 照明灯具的水平布置需要考虑哪些因素？

第七章　家具与陈设设计

学习目标

通过对本章的学习，了解家具的概念、特征、分类，中外家具的发展状况和主要家具风格流派；熟悉家具陈设在室内空间环境中的作用；掌握家具的选用要求和布置方法；熟悉室内陈设的作用及种类；掌握室内陈设选择要求与布置方法。

能力目标

通过对本章的学习，能够理解家具及室内陈设的概念、作用及分类；能够根据设计要求进行家具的选用与布置；具备室内陈设艺术设计与应用的能力。

第一节　家具与家具配置

一、家具的概念和特征

1. 家具的概念

家具是指人类维持正常生活、从事生产实践和开展社会活动必不可少的一类器具。家具是由材料、结构、外观形式和功能四种元素组成，其中功能是先导，是推动家具发展的动力；结构是主干，是实现功能的基础。这四种元素互相联系，互相制约。由于家具是为了满足人们一定的物质需求和使用目的而设计与制作的，因此，家具还具有功能和外观形式两方面的因素。

现代家具不断发展创新，门类繁多，用料各异，品种齐全，用途不一。

2. 家具的特征

家具具有生活性、功能性、审美性和社会性等特性，如表7-1所示。

表 7-1　家具的特征

序号	项目	内容
1	家具的生活性	人类在社会生活中的各种动作行为都是依靠各种工具来完成的。人们每天从事的各种活动(包括休息、工作、学习等)都离不开家具的使用。家具是社会生活的参与者,是美好生活的延伸
2	家具的功能性	家具的功能性体现了规律性与目的性的统一,表现为根据人们在行为过程中的需要,利用家具的造型因素、结构因素、材料因素和审美因素,达到使用目的,实现使用价值。现代家具设计往往将灯具的照明功能和饮食器具的承载功能也视为家具的功能表现
3	家具的审美性	家具的审美性特征是指家具在满足功能需求的同时还必须满足人类观赏的需求。家具本身所具有的线条、节点以及结构与体廓,同人类的视觉审美知觉结合,成为家具设计美学的重要宗旨。现代家具的设计制作在人类造物观念的引导下逐渐走向一种观赏性、猎奇性和艺术性的道路
4	家具的社会性	家具设计从产生至今,流派纷呈、风格多样,其设计思潮走过了由功能化、理性化、装饰化带来的同一化并向多元化发展的历程。家具设计思潮的变迁有从量变到质变的因素,同时也在不同地区、不同国家之间存在时空差异

二、家具的分类和发展

(一)家具的分类

1. 按人体工程学法则分类

(1)人体类：主要指支持人的身体、承受人体重量的家具,如床、椅、沙发等。

(2)准人体类：指不需要支持人的身体,但人要在其上进行操作(如写字或储藏衣物等),如桌子、茶几、衣橱等。

(3)建筑类：附属在建筑物上作存放物品的家具,如隔断、搁板、壁橱等。

(4)装饰类：专供摆设工艺品及观赏用的家具,如博古架、装饰柜等。

2. 按使用功能分类

(1)坐卧类：支持整个人体的家具,如椅、凳、沙发、躺椅、床、榻等。

(2)凭倚类：能辅助人体活动,提供操作台面的家具,如书桌、餐桌、柜台、工作台、几案等。

(3)储存类：用以存放物品的家具,如衣柜、书架、壁柜等。

3. 按制作材料分类

不同的材料有不同的性能,其构造和家具造型也各具特色,家具可以用单一材料制成,也可和其他材料结合使用，以发挥各自的优势。

(1)木制家具。木制家具指用厚木和各种木制品制作的家具。木制家具的特点是取材方便、易于加工制作、纹理清晰自然、导热性小、造型丰富、手感良好。可作家具的木材有榆木、水曲柳、松木、杉木、椴木、香樟木等。高级家具可用红木、楠木、花梨木和紫檀木等制作。

(2)竹藤家具。竹藤家具是用竹、藤制作的家具。竹、藤材料具有质轻、高强、富有弹性和韧性、易于弯曲和编织的特点。竹藤家具在造型上千姿百态，而且具有浓厚的乡土气息。竹藤家具还是理想的夏季消暑使用家具。

(3)金属家具。金属家具是指以金属材料为框架、与其他材料(如皮革、木材、塑料、帆布等)组合而成的复合家具，其特点是能充分利用各种材料的性能、制作柔和灵巧、富有时代气息的造型，能起到活跃室内气氛的作用。

(4)塑料家具。塑料家具是以塑料为主要材料、模压成型的家具。常用于家具制作的塑料有聚氯乙烯PVC、聚乙烯PE、聚丙烯PP、ABS、丙烯酸等，具有色彩丰富、光洁等特点，可制成椅、桌、床等家具。

4. 按结构形式分类

(1)板式家具。板式家具是现代家具的主要结构形式之一，一般采用细木工板、密度板等各种人造板粘结或用连接件连接在一起，不需要骨架，板材既是承重构件，又是封闭和分隔空间的构件。其特点是节约木材、结构简单、组合灵活、拆装方便、外观简洁大方、造型新颖，便于机械化和自动化加工，富有时代气息。

(2)框式家具。框式家具是以框架为家具受力体系，再覆以各种面板制成，连接部位的构造以不同部位的材料而定。有榫接、铆接、承插接、胶接、吸盘等多种方式，并有固定、装拆之分。框式家具常有木质框架及金属框架等。

(3)拆装家具。拆装家具成品是由若干零部件采用连接件连接组合而成，而且为了运输、储藏方便和满足某些使用要求，可以多次拆卸和安装。拆装家具多用于板式家具、金属及塑料家具中。常用的连接件有框角连接件、插接连接件、插入连接件三大类。

(4)折叠式家具。其特点是用时打开，不用时折叠起来。这类家具轻巧、体积小，移动、存放均很方便。常用于小面积住宅、多功能厅、会议室等。

(5)充气家具。充气家具的基本构造为聚氨基甲酸乙酯泡沫和密封气体，内部充以空气，可以用调节阀调整到最理想的座位状态。其具有一定承载能力，便于携带和收藏，新颖别致，常见于各种旅行用桌、轻便躺椅、沙发椅等。

(6)泡塑家具。泡塑家具是采用硬质和发泡塑料、用模具浇筑成型的塑料家具，其整体性强，是一种特殊的空间结构。目前，高分子合成材料品种繁多，性能不断改进，成本低，易于清洁和管理，在餐厅、车站、机场中应用广泛。

(7)浇铸式家具。整体浇铸式家具主要包括以水泥、发泡塑料为原料，利用定型模具浇铸成型的家具。其特点是质轻、光洁、防水、色彩丰富、加工方便、造型自由、成本低，不仅可作桌椅，还可制作成柜橱等。

5. 按家具组成分类

(1)单体家具。单体家具具有自己独立的形象，各家具之间没有必然的联系，可依用户需要和爱好单独选购，灵活搭配。这种单独生产的家具不利于工业化大批生产，而且各家具之间在形式和尺度上不易配套和统一，因此，后来为配套家具和组合家具所代替。但是个别著名家具，如里特维尔德的红、黄、蓝三色椅等，现在仍在使用。

(2)配套家具。在长期实践过程中，人们认识到现代家具在室内空间布置和使用的总体效果上更需要配套，以使各种系列家具在造型上具有一定的共性。只要从线脚处理、色彩、装饰上加以统一，可使配套家具的总体效果较为理想。当然，每套家具的内容和数量要根据实际情况而定。

(3)组合家具。将标准单元家具拼合成家具群具，每个单元家具的位置可以互相变换，但总体效果仍然是完整的组合体。如组合沙发，可以组成不同形状和布置形式，可以适应坐、卧等要求；又如组合柜，也可由一两种单元拼连成不同数量和形式的组合柜。组合家具有利于标准化和系列化，使生产加工简化、专业化。其特点是拼接组合形式多样，能满足多种功能需要，总体效果统一，可以化整为零，移动搬运方便，能充分利用空间并向上方发展，并可作为分隔空间的隔断。

(二)家具的发展

1. 中国家具的发展

中国家具的发展大体经历了以下演变过程：

(1)石器时代至唐代以前。石器时代有了原始家具的雏形，后来随着木结构建筑的出现，框架式的木制家具也相继出现。

(2)唐代。唐代从"席地而坐"演变为"垂足而坐"，家具的形态也发展到了一个新的阶段。当时已经有很多的家具种类，如短几、长短案、方圆案、高桌、低桌、方凳、圆凳、靠背椅、藤墩、床、巾架、箱、框、橱等。

(3)宋辽金时期。到了宋、辽、金时期，家具进一步发展，并开始重视家具的细部装饰处理。家具上雕有各式线脚，并使用了束腰形式，出现了腿部向内弯曲并做成里勾或外翻的马蹄形桌和凳，造型趋于秀丽和轻巧。

(4)元明清时期。到了元、明、清时期，各种类型的家具形式已经齐备，在造型和技术上都达到了很高的水准。特别是在明代，由于社会经济发达，从东南亚进口了大量高级木材，加之我国工匠的精湛技艺，使家具造型独具一格。明式家具无论从当时的制作工艺还是艺术造诣来看，都达到了登峰造极的水平，甚至对西方家具的发展产生了较大的影响，在世界艺术史上占有重要的地位。

(5)清代中晚期。清代中、晚期，由于受各种工艺美术手法的影响，加之宫廷统治者的欣赏趣味的改变及外来因素的影响，我国家具风格为之一变，开始追求华丽的装饰，家具上做了许多额外的装饰，使家具走向观赏性多于功能性的烦琐装饰时期。

2. 国外传统家具的发展

国外家具的发展大体经历了以下的演变过程：

(1)罗马式家具。罗马式家具的特点是类型少，造型简朴，主要构件均仿造其建筑形式。

(2)哥特式家具。哥特式家具在风格上很像哥特式建筑，椅背上常做尖顶装饰，家具结构多采用框架镶板形式，大多以旋涡形的曲线和植物纹样作装饰，比较高级和精巧的家具还雕有哥特式建筑的挺拔线脚。

(3)文艺复兴式家具。文艺复兴运动兴起后，家具业也深受古典文化复兴的影响，文艺复兴式家具开始逐渐替代哥特式家具并风行于欧洲大陆。人们倾向于吸收古代造型的精华，以新的表现手法，将古典建筑的一些设计语言运用到家具上。作为家具的装饰艺术，文艺复兴式家具表现出与哥特式家具截然不同的特征。这种形式后来又流传到德国、法国和英国。

(4)巴洛克式家具。巴洛克式家具是在法国开始发展的，其椅子线条弯曲多变，有很强的动感，采用猫脚形式做椅腿，靠背为花瓶形图案。有些贵重家具表面全部镀金，有的镶嵌象牙，以示名贵，风格华贵而富丽。

(5)洛可可式家具。洛可可式也称路易十五式，是在巴洛克风格的基础上发展而来的一种新的风格形式。洛可可式造型以曲线为主，雕饰较多且烦琐，与追求豪华、宏伟和跃动美的巴洛克风格相反，洛可可风格追求一种轻盈纤细的秀雅美。它运用流畅自如的波浪曲线处理家具的外形和室内装饰，致力于追求运动中的纤巧与华丽，强调了实用、轻便和舒适。它故意破坏了形式美中对称与均衡的艺术规律，形成了具有浓厚浪漫主义色彩的新风格。

17世纪以后的家具风格相对较多，经历了路易十六式、西班牙古典风格、英国古典风格、意大利新古典主义、美国古典主义、日本和式家具等发展历程。

3. 现代家具

随着技术的进步和思想观念的改变，现代家具表现出与传统家具截然不同的特性。较有影响性的是：以几何形体和原色取胜的"风格派"；提倡形式简洁、重视功能、注重新材料运用和工艺技术的"鲍豪斯派"等。这些流派都对现代家具的发展产生了很大的影响。

第二次世界大战以后，工业技术进一步发展，家具在功能、材料、技术和造型等方面出现了多途径、多风格的趋势。现代家具设计的中心由德国转移到美国，这期间先后出现了不少著名的设计家。除此以外，丹麦、瑞典、挪威、芬兰等国的家具设计也独具特色，着力表现木材的质感和纹理，具有淡雅、清新、自然、朴实无华的特色，风靡全球。

三、家具在室内空间环境中的作用

1. 分隔空间

利用家具来分隔空间是室内设计的一个主要内容，在许多设计中已得到了广泛的应用。

例如，在许多别墅、住宅的设计中，常常采用厨房与餐厅相隔而又相通的手法，这不仅供应方便，也增加了空间的情趣。

家具分隔空间的做法还能充分利用空间。例如，用床或柜划分两个儿童同住的卧室；用隔断、屏风等划分餐厅，形成单间或火车座位；用货架和柜台划分营业厅，形成不同种类商品的售货区等。

2. 组织空间，引导人流

室内陈设品所包含的内容较多，如家具、小品、绿化、各类艺术品等，这些物品都能在一定程度上对空间进行分隔和限定，起到组织空间的作用。同时，陈设品往往造型独特、风格鲜明、色彩鲜艳，易形成视觉中心，从而起到引导、暗示人流及组织交通的作用。

3. 营造空间氛围

在室内装饰中，可以利用家具的语言，通过对家具纹样的选择、构件的曲直变化、线条的刚柔运用、尺度大小的改变、造型的壮实或柔细、装饰的繁复或简练，表达一种思想、一种风格、一种情调，以营造一种氛围。如现代社会流行的怀旧情调的仿古家具、回归自然的乡土家具、崇尚技术形式的抽象家具等，都反映了现代各种不同的思想情绪和某种审美要求。

陈设品在室内空间具有较强的视觉感染力，对营造室内的氛围也有着重要的作用，如在春节时，我们贴大红对联、挂大红灯笼，营造出了一种节日气氛。

4. 改善空间形态

现代建筑空间大多是用钢筋混凝土、玻璃、金属、石材等材料所构建，给人以冷漠、生硬、刻板之感。绿色的植物、柔软的织物、极具表现力的艺术品等，可使室内空间生动活泼，充满浓郁的生活气息，给人以温暖亲切之感，起到柔化空间环境的作用。

5. 均衡空间构图

室内空间的秩序与家具的数量、款式和布置有较大关系，调整家具的数量和布置形式，可以取得室内空间构图上的均衡。当室内布置在构图上产生不均衡而用其他办法无法解决时，可用家具加以调整。当室内某区域偏轻偏空时，可适当增加部分家具；当某区域偏重偏挤时，可适当减少部分家具，以保持室内空间构图上的均衡。

四、家具选用与布置

(一)家具的选用

1. 室内协调性

家具是特定空间中的构件，因此，应考虑在这个空间中的协调性问题，其中尺度的协调是一项重要的内容。大空间通常用大尺度的家具，反之亦然。这样，家具和室内环境才能浑然一体。如果尺度不当，则会使大空间显得空旷寂寥，小空间显得拥塞窒息。

2. 空间风格

不同类型的使用空间有着不同的空间风格，在选用家具时应注意与之相一致。例如，公共性空间中的纪念性、交往性、娱乐性空间各具不同特征，居住空间中的起居室、卧室也各有要求。华丽、轻快而活泼的室内气氛最好配色彩明快、形体生动的现代家具；朴素、典雅的室内气氛最好配色彩沉着、形体端庄的古典家具。总之，不同意境的室内气氛要求配置不同形态的家具。

3. 通用性

随着人们生活水平的提高，家具也在不断更新，这就要求选择家具要有通用性。这里的通用性有两层含义：一是要求家具造型简洁、大方，适于多种组合却又不影响其使用功能，能满足家具多种布置的可能，达到"常换常新"的目的；二是要求家具不能过于笨重，要便于搬运。现代人乔迁新居的频率很高，而其中有相当一部分家庭不一定更新家具，这一点在家具选择时也应引起足够的重视。

4. 总体艺术效果

在选择家具时，必须结合总体环境综合考虑。这是因为，任何家具在室内环境中都不是单一的、孤立的，应该与其他家具相协调，形成室内家具的统一风格。同样，组群家具又必须和空间环境乃至建筑风格相呼应，形成一个和谐的整体。

5. 便于清洁

家具的造型必须考虑便于清洁的问题。家具和人关系密切，常接触的把手、椅把等处会形成污垢，所以必须考虑选择便于清洁的家具。

(二) 家具的布置

1. 家具的布置原则

家具的布置不仅与使用功能有直接关系，同时对室内空间的组织有重要作用。家具布置应遵守以下原则：

(1) 方便使用；

(2) 有助于空间组织；

(3) 合理利用空间；

(4) 协调统一。

家具的布置应结合空间的使用性质和特点，首先明确家具的类型和数量，然后确定适宜的位置和布置形式，使功能分区合理，动静分区明确，流线组织通畅便捷，并进一步从空间整体格调出发，确定家具的布置格局及搭配关系，使家具布置具有良好的规律性、秩序性和表现性，从而获得良好的视觉效果和心理效应。

2. 家具的布置形式

在特定环境下，家具的合理布置可以达到空间流动的感觉，如把面体形式的家具巧妙地放在室内中间部位，可使室内空间显得自由多变。有时为了加强房间的纵向深度，可利用透空的家具做垂直隔断，以增加空间的层次感。当然，还可以多种家具布置形式来创造富有情趣的空间环境。

家具在室内空间的布置形式有周边式布置、岛式布置、单边式布置和走道式布置几种。

周边式布置：沿墙四周布置家具，中间形成相对集中的空间。

岛式布置：将家具布置在室内中心位置，表现出中心区的重要性和独立性，并使周边的活动不干扰中心区。

单边式布置：将家具布置在室内一侧，留出另一侧作为活动空间，使功能分区明确，干扰小。

走道式布置：将家具布置在室内两侧，中间形成过道，空间利用率较高，但干扰较大。

家具的布置格局主要有行列式、分组式、曲尺式、回形式、中心式、对排式几种，如图 7-1 所示。

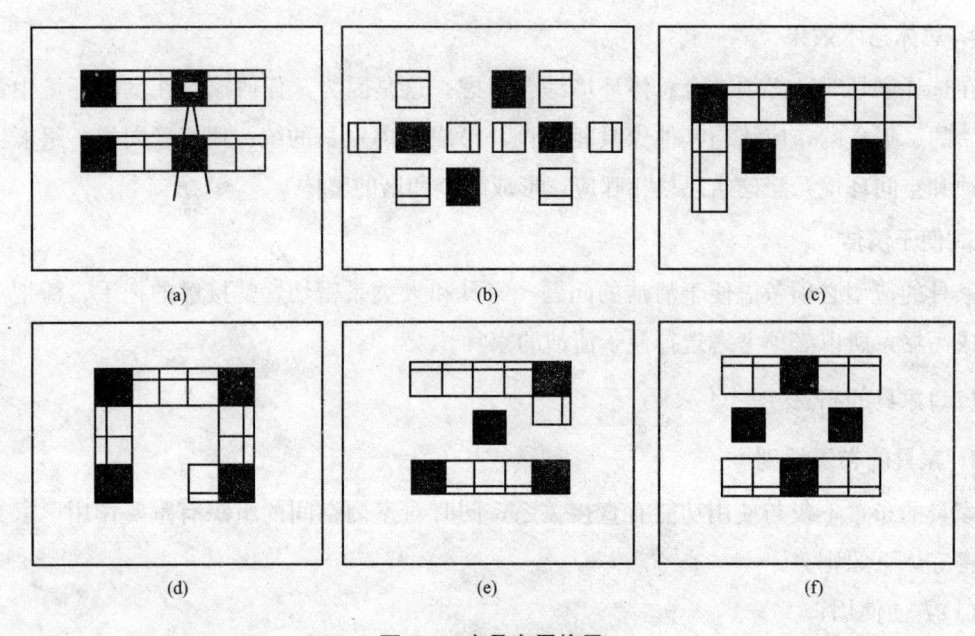

图 7-1 家具布置格局

(a)行列式；(b)分组式；(c)曲尺式；(d)回形式；(e)中心式；(f)对排式

3. 家具布置注意事项

室内家具布置应注意以下事项：

(1)新的住宅，其居室大都有阳台或壁橱，布置家具时要注意尽量缩短活动路线，以争取较多的有效利用面积。同时，不要使活动路线过分靠近床位，以免来往走人对床位的干扰。

(2)活动面积适宜在靠近窗户的一边，将沙发、桌椅等家具布置在活动面积范围内。这样可以使读书、看报有一个光线充足、通风良好的环境。

(3)室内家具布置要匀称、均衡，不要把大的、高的家具布置在一边，而把小的、矮的家具放在另一边，给人以不舒服的感觉。带穿衣镜的大衣柜，镜子不要正对窗户，以免影响映像效果。

(4)要注意家具与电器插销的相互关系。例如写字台要布置在距离插座最近的地方，否则台灯电线过长会影响室内美观，用电也不够安全。

4. 家具的造型与材质

家具设计不仅要富有美感，更重要的是要同空间有效地结合起来，在设计的时候应尽可能地处理好家具与空间的关系。

(1)家具的造型与空间设计。家具的造型要注意直线和曲线的合理利用。曲线造型的家具生动、活泼，但容易给人轻浮的感觉。直线造型的家具大方、简洁，有棱有角，但会给人生硬的感觉。因此，在家具的选择和设计上要考虑直线与曲线相互穿插。

(2)家具的材质与空间设计。按材质分，家具有玻璃、藤类、木质、布艺、金属、皮革等。不同质感的家具可以给空间带来不同的视觉效果。玻璃质感穿透性强，同时给人清凉的感觉。藤类家具造型优美，小巧玲珑，很有现代气息，而且轻巧、方便，可以随意摆放。布艺家具则深受年轻人的喜爱。布艺沙发色彩亮丽、明快，质感柔和，摆放在室内具有很强的装饰意味。

5. 室内家具的搭配

家具是室内布置的主体部分，对居室的美化装饰影响极大。家具摆设不合理，不仅不美观，而且不实用，甚至给生活带来种种不便。家具按区摆置，房间才能得到合理利用，并给人以舒适感和清爽感。

高与低的家具应互相搭配布置，高度一致的组合虽然严谨却变化不足，家具的起伏过大，又易造成凌乱的感觉。家具的布置应该大小相衬，高低相接，错落有致。在造型上，要求每件家具的主要特征和工艺处理一致。同时，家具的细部处理也要一致，最好都呈一致的造型。在功能上，因每套家具的件数不等，其功能也各不相同，但每套家具均需具有睡、坐、摆、写、储等基本功能，应根据居室面积及室内门窗的位置统筹规划。

第二节　室内陈设艺术

一、室内陈设的作用

室内陈设可以划分为功能性陈设和装饰性陈设两大类。功能性陈设又称"实用性陈设"，其为具有一定的实用价值，同时又具有一定观赏价值或装饰作用的实用品，包括家具、灯具、织物和其他日用品。装饰性陈设又称"观赏性陈设"，其为本身不具实用价值而纯粹用来观赏的装饰品，包括收藏品、工艺品、纪念品等。室内陈设始终是以其表达一定的思想内涵和精神文化为着眼点，同时对室内空间形象的塑造、气氛的表达、环境的渲染起着锦上添花、画龙点睛的作用，也是具有完整的室内空间所必不可少的内容。

二、室内陈设的种类

(一)艺术品

1. 字画

字画又分为书法、国画、西画、民间绘画等。书法和国画是中国传统艺术品，书法作品有篆、隶、正、草、行之分，国画主要以花鸟、山水、人物为主题，运用线描和墨色的变化表现形体和质感，强调神韵和气势，具有鲜明的民族特色。我国传统字画至今仍在各类厅堂、居室中广泛应用，并作为表达民族形式的重要手段。此外，西洋画的传入以及其他绘画形式，也丰富了绘画的种类和室内风格的表现。字画是一种高雅的艺术，也是广为普及和为群众喜爱的陈设品，是装饰墙面的不错选择。

2. 摄影作品

摄影作品是一种纯艺术品，能给人以美的享受，大多数的摄影作品都是写实的，能真实地反映当地当时所发生的情景。摄影和绘画的不同之处在于摄影是写实的和逼真的。少数摄影作品经过特技拍摄和艺术加工，也有绘画的效果，因此，摄影作品的一般陈设和绘画基本相同，而巨幅摄影作品常作为室内扩大空间感的界面装饰，意义已有不同。摄影作品还可制成灯箱广告，这是不同于其他绘画的特点。

3. 雕塑

雕塑是以雕、刻、塑以及堆、焊、敲击、编织等手段制作的三维空间形象的美术作品。雕塑的形式有圆雕、浮雕、透雕及组雕。传统的雕塑材料有石、木、金属、石膏、树脂及黏土等，雕塑分为泥塑、木雕、石雕、铜雕、瓷塑、陶雕等。

雕塑有玩赏性和偶像性(如人、神塑像)之分，反映了个人情趣、爱好、审美观念、宗教意识和崇拜偶像等。雕塑属三维空间，栩栩如生，其感染力常胜于绘画的力量。雕塑的表现还取决于光照、光景的衬托以及视觉方向。

4. 个人收藏品和纪念品

收藏品内容丰富，如古玩、邮票、花鸟标本、奇石、民间器物、器具等，收藏品既能表现主人的兴趣爱好，又能丰富知识，陶冶情操。个人收藏品的收集领域广阔，几乎无法予以规范，但正是这种特点使不同家具各有特色。

纪念品包括奖杯、奖章、赠品、传家宝等，既具有纪念意义，又有装饰作用。

5. 工艺美术品

工艺美术品种类和用材较广泛，有竹、木、草、藤、石、玉雕、根雕等。有些本来就属于纯装饰性的物品，如挂毯之类。有些是将一般日用品进行艺术加工或变形而成，旨在发挥其装饰作用和提高欣赏价值，而不只是实用。工艺美术品有的精美华贵，有的质朴自然，有的散发着浓郁的乡土气息，有的具有鲜明的民族特征。图 7-2 所示为不同形状、大小的靠垫及悬挂工艺品。

图 7-2　各种靠垫及悬挂工艺品

(二)日用品

1. 家用电器

家用电器是指电视机、电冰箱、音响设备、电话、电脑、洗衣机、空调及厨房电器、淋浴器，是人们生活中必不可少的物品，同时也是一种陈设品。现代电器造型简洁、线条优美，富有时代感。

2. 灯具

灯具是创造室内光环境必不可少的用品。灯具不仅有照明作用，而且作为室内最明亮的物品，起到装饰空间的作用。常见的灯具有吊灯、吸顶灯、投射灯、台灯、壁灯等，灯具除满足照明的基本要求外，其光色、造型、材质及风格对室内空间环境的气氛和风格也有很大的影响。

3. 文体用品

文体用品包括书籍、文具、乐器、体育用品、健身器材等。例如书籍、文房四宝等文具不仅能给室内空间增添书卷气，还能体现出主人的文化修养。文体用品既能反映主人的爱好，又能烘托高雅的气氛，而各种体育用品、健身器材则使室内空间充满生机和活力。

(三)织物

织物陈设，除少数作为纯艺术品(如壁挂、挂毯等)外，大部分作为日用品装饰，如窗帘、台布、桌布、床罩、靠垫、家具等蒙面材料。织物的材质、形色多样，具有吸声效果，使用灵活，便于更换，使用极为普遍，如图 7-3 所示。

图 7-3　室内织物

三、室内陈设的选择与布置

(一)室内陈设的选择

随着社会文化水平的日益提高，作为艺术欣赏对象的陈设品在室内所占的比重将逐渐扩大，它在室内所拥有的地位也将越来越重要，并最终成为现代社会精神文明的重要标志之一。

室内陈设品的选择从总体上讲要从文化内涵、陈设品造型、色彩质地等方面考虑。

1. 文化内涵

由于很多艺术品都有其特有的文化内涵，决定了选择时必须注意其题材与整体环境的内在联系。譬如，模仿古代"鼎"的工艺品，因"鼎"乃国之重宝，臣之重器，故其寓意权威尊严、诚信富强，是办公室陈设品较好的选择之一。

2. 陈设品造型、图案的选择

选择陈设品的形状、大小时，应充分考虑空间的比例和尺度，使陈设品与空间环境相适宜，同时，还要有一定的活动范围，如艺术品的观赏位置和视野范围。陈设品的形态千变万化，带给室内空间丰富的视觉效果。例如，家用电器简洁和极具现代感的造型，各种茶具、玻璃器皿柔和的曲线，盆景植物婀娜多姿的形态，织物陈设丰富的图案及式样等，都会加强室内空间的形态美。另外，在以直线构成的空间中陈列曲线形态的陈设，或带曲线图案的陈设，能产生生动的形态对比，使空间显得柔和舒适。

选择与室内空间装饰风格相协调的陈设品，可使空间具有统一性，以达到整体协调的效果。

3. 陈设品的色彩选择

陈设品色彩的选择原则应在整个室内环境色彩统一、协调的基础上适当点缀，达到既有整体感，又不失生动活泼。同一空间宜选用质地相同或类似的陈设，以取得统一的效果，特别是大面积陈设。对于体积较小的装饰物，如坐垫、靠垫、挂毯等，可用对比色或更突出的同色调来加以表现，但应注意避免使用过多的点缀色，以免使空间凌乱。

(二)室内陈设品的布置

1. 墙面陈设

墙面陈设一般以平面艺术为主，如书画、摄影、浅浮雕等或小型的立体饰物（如壁灯、弓、剑等）。通常陈设品在墙面上的位置，会与整体墙面的构图及靠墙放置的家具产生联系，因此要注意构图的均衡性。墙面陈设的陈列可采用对称式构图与非对称式构图。对称式的构图较严肃、端正，中国传统风格的室内空间常采用这种布置方式；非对称式的构图则比较随意，适合各种不同风格的房间。

当墙面的陈设品较多的时候，可将它们组合起来统筹考虑，应注意整体与墙面的构图关系及自身的构图关系，如将陈设品排列成水平方向、垂直方向或矩形范围内、三角形范围内、菱形范围内等。图7-4就是用组合陈设的陈设品装饰墙面的范例。

图7-4 用组合陈设的陈设品装饰的墙面

2. 台面陈设

台面陈设主要是指将陈设品搁置于水平台面上。台面陈列的范围较广，各种桌面、柜面、台面均可陈列，如书桌、餐桌、梳妆台、茶几、矮柜等。台面陈设一般均选择小巧精致、宜于微观欣赏的材质制品，并可灵活更换。桌面上的日用品应与家具配套购置，选用和桌面协调的形状、色彩和质地，可起到画龙点睛的作用，如会议室中的沙发、茶几、茶具、花盆等，须统一选购。

台面陈设要做到陈置灵活，构图均衡，色彩丰富，搭配得当，轻重相同，陈置有序，并环境融合。图 7-5 所示为台面陈设的范例。

图 7-5 台面陈设

3. 落地陈设

落地陈设是将陈设品放置在地面上的陈设方式，适用于体量大或高度高的陈设品，如木雕、石雕、绿化植物、工艺花瓶等。落地陈设常设置在大厅中心或入口处，形成视觉中心；也可设置在厅室的角隅、墙边或走道的两端，作为重点装饰，或起到视觉上的引导和对比作用。大型落地陈设不应妨碍人的日常工作和行走路线的通畅（图 7-6）。

图 7-6 温州湖滨饭店中庭的花瓶与雕塑布置

4. 橱架陈设

橱架陈设是一种兼具储藏作用的展示方式，是将各种陈设品统一集中陈列，使空间显得整齐有序，尤其是对于陈设品较多的空间来说，这是最为实用有效的陈列方式。

橱架陈设适宜陈设体积较小、数量较多的陈设品，采用橱架陈设可以达到多而不繁、杂而不乱的效果。布置整齐的书橱书架可以组成色彩丰富的抽象图案效果，起到很好的装饰作用。壁式博古架应根据展品的特点，在色彩、质地上起到良好的衬托作用。

橱架陈设应注意橱架的造型风格与陈设品的协调关系，同时也应注意框架与其他家具及室内整体环境的协调关系。

5. 悬挂陈设

悬挂陈设是指陈设品悬挂于空中，如风铃、植物、织物、吊灯等陈设品常用空间悬挂的方式，这种方式弥补空间空旷的不足，并有一定的吸声或扩散效果，居室也常利用角隅悬挂灯具、绿化或其他装饰品，既不占面积又起到装饰作用。

四、室内陈设的设计方法

1. 室内陈设设计的基本要求

室内陈设设计应符合以下几个方面的要求：

（1）使用功能的要求。在进行室内陈设设计时，要充分考虑使用功能的要求，使室内环境合理化、舒适化、科学化；要考虑人们的活动规律并处理好空间关系、空间尺寸、空间比例；应合理配置陈设品（如家具），妥善解决室内通风、采光与照明问题，注意室内色调的总体效果。

（2）精神功能的要求。室内陈设设计必须考虑精神功能的要求，如视觉反映、心理感受、艺术感染等。室内陈设设计如能突出地表现某种构思和意境，则会产生强烈的艺术感染力，更好地发挥其在精神功能方面的作用。

（3）现代技术的要求。现代室内陈设设计在某种程度上属于现代科学技术的范畴，要使室内陈设设计更好地满足精神功能的要求，就必须最大限度地利用现代科学技术的最新成果。

（4）地区特点与民族风格的要求。室内陈设设计中要有其自身的风格和特点，尤其要体现民族和地区特点，以唤起人们的民族自尊心和自信心。

2. 室内陈设的搭配方法

（1）色彩搭配法。室内陈设的色彩搭配方法很多，常用的可以分为三种：

①色调配色法。利用两种或两种以上的色彩有序地、和谐地组织在一起，能使人们感到身心愉悦，这种配色形成的色调可以分为浅色调、深色调、冷色调、暖色调、无彩色调。

②对比配色法。利用两种或两种以上色彩的明度、灰度、彩度进行对比配色，一般分为明度对比、灰度对比、冷暖对比、补色对比。

③风格配色法。室内陈设设计风格特征的色彩特点就是所运用的配色原则。

(2)形态搭配法。形态搭配法是利用不同形态的对比或是将相同形体统一而形成的搭配原则。

(3)风格搭配法。风格搭配法主要利用各种风格特定的陈设要求来选择搭配。应选择人们已经广泛认知的风格特点进行陈设设计，以传递具有亲切感的信息。

本章小结

本章主要介绍了家具与家具配置及室内陈设艺术两方面内容。家具的布置不仅与使用机能有直接关系，还对室内空间组织有重要作用。室内陈设可以划分为功能性陈设和装饰性陈设两大类。室内陈设艺术设计是集多个学科于一体的"空间气场营造"的艺术，经"陈设艺术设计"的空间可起到规范行为、调整心情、提升思想的作用。

思考与练习

一、填空题

1. 家具是由_____、_____、_____和_____四种元素组成。
2. 家具具有_____、_____、_____和_____等特性。
3. 家具在室内空间的布置方法有_____、_____、_____和_____四种。
4. 室内陈设品的选择从总体上讲要从_____、_____、_____等方面考虑。
5. 常用的室内陈设色彩搭配方法有_____、_____、_____三种。

二、选择题

1. 家具按(　　)分类，可分为单体家具、配套家具和组合家具。

　　A. 人体工程学法则　　　B. 使用功能　　　C. 结构形式　　　D. 组成

2. (　　)家具无论从当时的制作工艺还是艺术造诣来看，都达到了登峰造极的水平，在世界艺术史上占有重要的地位。

　　A. 唐代　　　　　　　B. 宋代　　　　　C. 明代　　　　　D. 清代

3. (　　)一般均选择小巧精致、宜于微观欣赏的材质制品，并可以灵活更换。

　　A. 墙面陈设　　　　　　　　　　　　　B. 台面陈设
　　C. 落地陈设　　　　　　　　　　　　　D. 橱架陈设

三、简答题

1. 家具在室内空间环境中的作用有哪些？

2. 家具布置应遵守哪些原则？
3. 家具布置应注意哪些事项？
4. 室内陈设品的作用有哪些？
5. 怎样进行室内陈设品的墙面陈设？
6. 室内陈设的搭配方法有哪些？

第八章 室内景观设计

学习目标

通过对本章的学习，了解室内绿化的作用，熟悉室内绿化的布局与方法；掌握室内植物的选择和室内绿化的基本方式；掌握室内山石、水体及小品的配置。

能力目标

通过对本章的学习，能够了解室内景观设计的作用；能够根据室内绿化的布局选择绿化植物；具备室内山石、水景及小品的配置能力。

第一节 室内绿化的作用

一、美化环境

绿化对室内环境的美化作用主要表现在两个方面：第一是绿化植物本身的形态美，包括植物的体量、形态、色彩、肌理和气味等；第二是植物通过不同的组合并与所处环境有机地结合而形成的环境效果。室内绿色的美化作用主要通过以下方式来体现。

1. 形态方式

建筑环境虽然千变万化，但其反映的形态主要是几何性的，一般比较单调、乏味，带有较强的人工痕迹。以植物为主构成的绿化环境则与此相反，完全是一种自然形态，轮廓自由多变，体态高低参差，曲直有别，体量可大可小，疏密相间，生动清新，春意盎然，与人工的建筑环境形成了鲜明的对比。这种形态上的对比不仅会产生生动清新的效果，而且会消除建筑物内部空间的单调感，使彼此间相得益彰，从而增强室内环境的表现力和感染力。

2. 色彩方式

无论怎样变化，室内环境的色彩都带有较强的人工痕迹；而植物的色彩尽管是以绿色为主调，但由于各种植物的绿色各不相同，因而可以反映出十分丰富的自然色彩和风韵。这种对比会给室内色彩带来不少生气。此外，当植物花期之时，缤纷的色彩更会为室内添色增辉。

3. 质感与肌理方式

室内环境中的界面、家具和设备的质地大多细腻光洁，而绿化所用植物的整体质地则比较粗糙，这样两者之间在质感与肌理上就会产生强烈的反差。通常，家具等陈设品的质感与肌理效果带有较为明显的机械性和规律性，而从整体形态上看，植物的质感与肌理虽也有一定的内在规律，但与构成建筑环境的诸多人工要素相比，还是具有其自身明显的特点与长处。植物自身茎叶的质感与肌理或光滑，或粗糙，或有纹理，或无纹理，因造化于自然而显得生动活泼、千万变化，作为环境构成要素的有机补充，无疑能对建筑环境的塑造与美化予以改善和提高。

二、组织空间

利用绿化组织室内空间，强化空间，主要表现在对空间进行分隔、引导、柔化、填充等方面。

1. 分隔空间

室内空间与室外空间之间以及室内各空间相互之间，除了有各自的限定区域外，还需要有一定的过渡与联系。对于多种功能的空间，可以采用绿化的手法进行限定和分隔，如利用盆花、花池、花带、绿罩、绿帘、绿墙等。这种柔性的分隔既能使空间保持各自不同的功能作用，同时又能使空间不失其整体开敞性和完整性。图 8-1 为利用绿化分隔空间的示例。

图 8-1　广州花园酒店快餐室

2. 引导空间

由于植物在室内可产生多种对比关系，植物在室内环境中通常能够引人注目。因此，在室内空间的组织上常用植物作为空间过滤的引导。借助绿化、小品的丰富性和可观赏性，能起到吸引人们注意力的作用，从而巧妙、含蓄而有效地起到提示与指示空间的作用(图 8-2)。

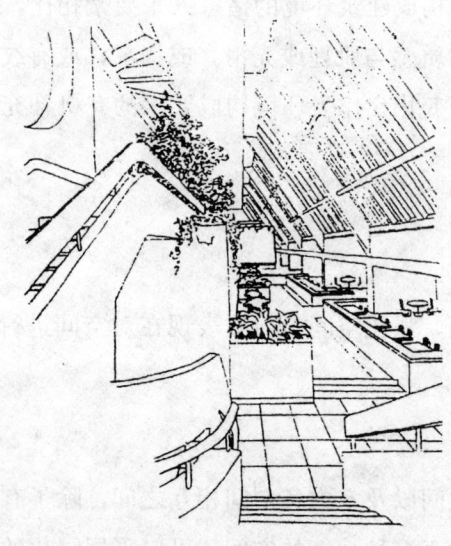

图 8-2　绿化指示空间

3. 柔化空间

现代空间大多是由板状构件形成的几何体，使人感到生硬、冷漠。利用植物特有的曲线、多姿的形态、柔美的质感、悦目的色彩，能使被限定与被分隔的空间保持各自的功能与作用。例如大片的宽叶的植物可以在墙隔、沙发一角，改变着家具设备的轮廓线，从而给予室内空间一定的柔化和生气。

4. 填充空间

在面积较大的室内空间或较空旷的户外空间里，为了改变空间的空旷感和虚无感，可利用植物、小品的不同尺度对空间加以控制和调节，这种控制和调节是含蓄而有效的，起到了充实空间的作用，可以根据空间的大小选用合适的植物。这样，室内除构图完美外，还增添了不少活力和生机。所以，当室内出现一些死角和无法利用的空间时，可以用绿化点缀空间。

三、净化环境

室内绿化能通过植物本身的生态特征，起到调节气候、净化空气、减少噪声等环境净化的作用，有益于室内环境的良性循环。

(1)调节系统。植物可以在光合作用下起到调节室内空间湿度的作用。一般而言，在干燥季节，绿化适当可以使室内湿度调节20%左右。在雨季，由于植物具有吸湿性，又可降低室内的相对湿度。

（2）减少噪声。植物本身具有良好的吸声作用，可以减弱室内的噪声。如利用植物作隔离带，可以相对减弱室内不同声源的相互干扰；或将植物布置于门、窗附近，可以控制和减弱室外噪声对室内环境的干扰和影响。

（3）净化空气。这主要表现在：植物能吸附空气中的尘埃而使空气得到净化；有些植物，如夹竹桃、棕榈、梧桐、紫薇、大叶黄杨等，可以吸收有害气体；有些植物，如松柏、樟树、臭椿、悬铃木等的分泌物，具有杀灭细菌的作用，能减少空气中的细菌含量。

四、陶冶情操

自然景物一旦被引入构筑室内，便可获得与大自然异曲同工的胜境。室内绿化和各种小品陈设对人的性情调节作用显得更为突出。当人们身心疲劳时需要放松一下，茶余饭后观赏小品、养花植草，会起到调节心情、陶冶情操、消除疲劳和振奋精神的作用。

第二节 室内绿化的布局与方法

一、室内绿化的布局

室内绿化的布局形式多种多样，根据室内绿化布置的形态不同，可分为点状、线状、面状及综合布局等形式。

1. 点状布局

室内植物的点状布局是指独立或成组集中布置的乔木和灌木。这种布局常常用于室内空间的重要位置，除了能加强室内的空间层次感外，还能成为室内的景观中心。因此，在植物选用上应更加注重其观赏性。点状绿化可以是大型植物，也可以是小型花木。大型植物通常放置于大厅堂之中；而小型花木则可置于较小的房间里，或置于茶几上，或悬吊着。点状绿化是室内绿化中采用最普遍、最常用的方式。

2. 线状布局

植物的线状布局是指绿化布置呈线状排列的布局，可直线排列或曲线排列。其形式往往取决于室内空间的形式和需要。线状布局在组织室内空间上起着十分积极的作用。

3. 面状布局

面状布局是指成片布置的室内绿化形式，通常由若干个组汇合而成，形态有规则和自由两种。面状绿化常用于大面积的空间和内庭中。

4. 综合布局

综合布局是指植物以点、线、面综合构成的绿化形式，其组织形式多样，层次丰富。这种绿化组合时，要充分考虑各种植物之间的形体、色彩、质感的搭配关系，既要有变化，也要讲协调，切不可平摊单列，要强调变化中求统一。

二、室内绿化的方法

室内绿化的布置在不同的场所（如酒店宾馆的门厅、大堂、中庭、休息厅、会议室、办公室、餐厅以及住户的居室等），均有不同的要求，应根据不同的任务、目的和作用，采取不同的布置方式。随着空间位置的不同，绿化的作用和程度也随之变化，一般室内绿化的配置方法可归结为以下几点：

(1) 主点装饰。把室内绿化作为主要陈设并成为视觉中心，以其形、色的特有魅力来吸引人们，是许多厅室常采用的一种布置方式，可以布置在厅室的中央。

(2) 边角点缀。对于室内难以利用的边角，通常用边角点缀的方法来处理，即选择在这些部位布置各种各样的植物进行空间的点缀。它既填充了剩余的边角空间，又使这些难以利用的边角焕发出生机，是一种很有效的设计方法。如在室内转角处、柱角边、走道旁、靠近边角的餐桌旁、楼梯角或楼梯下部等布置植物，都可起到点缀空间的作用。

(3) 结合家具、陈设等布置绿化。室内绿化除了单独落地布置外，还可与家具、陈设、灯具等室内物件结合布置，相得益彰，组成有机整体。这种布置既不占用地面空间，又能增添室内气氛。图 8-3 和图 8-4 所示为结合家具、陈设布置绿化。

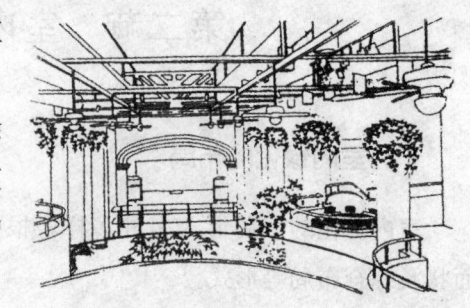

图 8-3　结合家具、陈设布置绿化

图 8-4　结合组合柜布置绿化

(4)沿窗布置绿化。靠窗布置绿化，能使植物接受更多的日照，并形成室内绿色景观，还可采用形成花槽或在低台上置小型盆栽等方式，如图8-5所示。

(5)垂直绿化。垂直绿化通常采用在室内有高差的部位悬吊绿化植物的方式，如在天棚上、墙面突出的支架或花台、吊柜或隔板、回廊的栏板、楼梯两侧的外部等处，都可以利用植物进行绿化布置。这种布置方法可以充分利用空间，并形成绿色的立体环境，增加绿化的体量和氛围。图8-6所示为茶居室的垂直绿化。

图 8-5　沿窗布置绿化　　　　　　图 8-6　垂直绿化

第三节　室内植物的选择

一、植物的种类

室内植物种类繁多，形态各异，为方便学习，一般按植物的形态、习性及观赏性进行分类。

1. 木本植物

木本植物是指具有木质茎的植物，例如印度橡树、垂榕、蒲葵、苏铁、三药槟榔、棕竹等。

(1)印度橡树(图8-7)。印度橡树，原产于北印度、马来西亚及印尼一带，现在世界各地均有种植。属常绿大乔木，生长可高至20 m，在热带森林，有些更可以高达30 m。由于印度橡树适宜种植于光线良好、潮湿的泥土及有蔽护的地方，所以应置于室内明亮之处。

(2)垂榕(图8-8)。垂榕树形优美，叶片绮丽，耐阴性好，是十分流行的盆栽观叶植物。属常绿灌木或乔木。植株可达数十米，树干直立，灰色，树冠呈锥形。枝干易生气根，小枝弯垂状，全株光滑。叶椭圆形，互生，叶缘微波状，先端尖，基部圆形或钝形。以观赏为主，属于观赏植物。原产于中国大陆、马来西亚、印度。

图 8-7　印度橡树 　　　　　　　　　　　图 8-8　垂榕

(3)蒲葵(图 8-9)。蒲葵又叫扇叶葵、葵树，是棕榈科蒲葵属的常绿高大的乔木树种。原产于中国南部，在广东、广西、福建、台湾等地均有栽培。

(4)苏铁(图 8-10)。苏铁为珍贵观赏树种，树形古雅，主干粗壮，坚硬如铁；羽叶洁滑光亮，四季常青。在南方多植于庭前阶旁及草坪内；在北方宜作大型盆栽，布置于庭院屋廊及厅室，非常美观。多种植在南方，现广泛分布于中国、日本、菲律宾和印度尼西亚等国家。

图 8-9　蒲葵 　　　　　　　　　　　图 8-10　苏铁

(5)三药槟榔(图 8-11)。三药槟榔，丛生常绿小乔木。间以灰白色环斑，顶上有一短鞘形成的茎管。雌雄同株，单性花，果实橄榄形，熟时橙色或赭石色。既是庭院、别墅绿化的珍贵树种，也是会议室、展厅、宾馆、酒店等豪华建筑物厅堂装饰的主要观叶植物。原产于印度、中南半岛及马来半岛，在中国台湾、广东、云南等地均有栽培。

(6)棕竹(图 8-12)。棕竹丛生挺拔，枝叶繁茂，姿态潇洒，叶形秀丽，四季青翠，似竹非竹，美观清雅，富有热带风情，为目前家庭栽培最广泛的室内观叶植物。可丛植于庭院内大树下或假山旁，构成一幅热带山林的自然景观。北方地区可盆栽并摆放在会议室、宾馆门口两侧，颇为雅观。

图 8-11 三药槟榔 　　　　　　图 8-12 棕竹

2. 草本植物

草本植物是指具有草质茎的植物，一般体形较小，造型优雅，观赏性很强。例如龟背竹、虎尾兰、火鹤花、水仙等。

(1)龟背竹(图 8-13)。龟背竹为天南星科龟背竹属植物。叶形奇特，孔裂纹状，极像龟背。茎节粗壮又似罗汉竹，深褐色气生根，纵横交差，形如电线。其叶常年碧绿，极为耐阴，是有名的室内大型盆栽观叶植物。龟背竹在欧美、日本常用于盆栽观赏，点缀客室和窗台。原产于墨西哥热带雨林，性喜温暖、湿润环境，忌阳光直射，不耐寒，我国北方均作室内盆栽。

(2)虎尾兰(图 8-14)。虎尾兰是龙舌兰科虎尾兰属的多年生草本观叶植物，根状茎，叶簇生，肉质线状呈披针形，硬革质，直立，基部稍呈沟状；暗绿色，两面有浅绿色和深绿相间的横向斑带。虎尾兰品种较多，株形和叶色变化较大，对环境的适应能力强。适合布置装饰书房、客厅、办公场所，可供较长时间欣赏。

图 8-13 龟背竹 　　　　　　图 8-14 虎尾兰

(3)火鹤花(图 8-15)。火鹤花属天南星科花烛属多年生草本。有佛焰花序，叶形苞片，常见的苞片颜色有红、粉红、白等，其花落时也可观叶。可用播种、分株等法繁殖，但粉掌较红掌难

· 119 ·

以培养。火鹤花原产于南美洲的热带雨林地区,其特性是喜暖畏寒、喜湿怕旱、喜阴忌晒。

(4)水仙(图8-16)。水仙属石蒜科多年生草本植物。水仙的叶由鳞茎顶端绿白色筒状鞘中抽出花茎(俗称箭)再由叶片中抽出。伞状花序,花瓣多为6片,花瓣末处呈鹅黄色。花蕊外面有一个如碗一般的保护罩。鳞茎卵状至广卵状球形,外被棕褐色皮膜。叶狭长呈带状,蒴果室背开裂。花期为春季。水仙性喜温暖、湿润,在中国已有一千多年栽培历史,为传统观赏花卉,是中国十大名花之一。

图8-15 火鹤花 　　　　图8-16 水仙

3. 藤本植物

藤本植物是指有缠绕茎或攀缘茎的植物,具有优美的造型、独特的韵味,观赏性较强,而且常与室内空廊、构架等配合在一起,形成独特的室内景观。例如绿萝、薜荔等。

(1)绿萝(图8-17)。绿萝属于大型常绿藤本植物,生长于热带雨林的岩石和树干上,其缠绕性强,气根发达,可以水培种植。绿萝属阴性植物,喜湿热的环境,忌阳光直射,喜阴。喜富含腐殖质、疏松肥沃、微酸性的土壤。原产于所罗门群岛,在亚洲各热带地区广泛种植。

(2)薜荔(图8-18)。薜荔属攀援或匍匐灌木,叶两型,不结果,枝节上生不定根,叶呈卵状心形,在我国已广泛栽培。

图8-17 绿萝 　　　　图8-18 薜荔

· 120 ·

4. 肉质植物

肉质植物是指具有肉质茎的植物，这种植物一般喜暖、耐旱，培植、养护都较为容易。例如仙人掌、长寿花等。

(1)仙人掌(图 8-19)。仙人掌为丛生肉质灌木，上部分枝宽倒卵形、倒卵状椭圆形或近圆形；花辐状，花托倒卵形；种子多数扁圆形，边缘稍不规则，无毛，淡黄褐色。仙人掌喜强烈光照，耐炎热，主要分布在干旱地区。

(2)长寿花(图 8-20)。长寿花属多肉植物，是由肥大、光亮的叶片形成的低矮株丛，终年翠绿，春、夏、秋三季栽植于露地作镶边材料，花期长达 4 个多月，长寿花之名由此而来。喜温暖稍湿润和阳光充足的环境，不耐寒。原产于南欧，中国引种栽培供观赏。

图 8-19　仙人掌 　　　　　　　　　　　图 8-20　长寿花

二、植物的选择

1. 植物的选择条件

室内植物的选择要参考以下条件：

(1)光照条件。光照条件对于永久性室内植物尤为重要，因为光照是植物生长的最重要的条件。同时，房间的温度、湿度也是选用植物必须考虑的因素。

(2)使用者的要求。不同的人对植物的偏爱不同，这与使用者的性格、年龄、职业、文化程度以及地域、风俗等都有着密切的关系。如艺术家喜欢浪漫夸张的花木、树桩盆景；科学家喜欢严谨有序的规则式盆栽；老年人喜欢古拙松柏、铁树和带有吉祥之意的万年青、棕竹、君子兰等；青年人则更喜欢色彩艳丽的月季花、菊花、海棠花和象征爱情的玫瑰花等。所以，在室内植物绿化的选择上，要因人而异，既要满足群体的共性，同时也要兼顾个人的喜好。

(3)形态上的要求。植物的观赏性即形态优美、装饰性强，是室内绿化选用的重要条件。植物的种类不同，观赏特征也有所不同。

2. 植物选择考虑因素

室内绿化植物的选择应以发挥其最大功能为目的，根据环境和实际条件选择合适的种类，具体选择要综合考虑多个方面的因素，见表8-1。

表8-1 室内绿化植物选择考虑因素

序号	因素	要求
1	植物的生长速度以及成熟后的规格	植物的尺寸和规格决定了植物在室内景观中的应用范围及其栽植间距。植物的生长速度也会影响到植物的栽植密度，要考虑到植物生长过程中的景观变化
2	植物的外形	植物的外形具有很高的欣赏价值，设计中要根据环境条件的不同选用不同特征的树形。如营造覆盖型空间，要选用枝条具有伸展性的树种，可以对地面形成足够的遮蔽；如果要创造垂直型空间，就可以选用枝条向上垂直生长的树种
3	植物的色彩变化	景观绿化设计中，尤其要注意树种色彩的组合变化。植物在四季更替中的色彩不断变化，会极大地丰富景观的视觉效果。这种色彩可以通过植物的叶色、枝色、花色、果色等方面体现出来
4	植物叶的特性	植物叶的特性，包括叶的质地、颜色以及叶的季节变化。大部分植物的叶是最主要的欣赏部位，叶的不同形状、质地、色彩会给人不同的视觉感受，要根据空间特点合理选用
5	植物根的特性	植物根的特性决定了植物移植的难易程度。根越深，移植难度越大；根越浅，则越易于移植，但也容易和其他植物的生长形成竞争
6	植物的生长习性	植物的生长习性包括土壤的性质、温度、湿度、耐阴性、耐寒性等。在植物栽植时，最重要的是保证植物顺利成活，这就需要考虑植物的生长特性，所以在选用植物时要选择适合本地生长的植物栽植
7	植物的维护	植物维护的特性，包括病虫害、移植、修剪等方面。景观绿化涉及很多日后的维护工作，这也是设计前要考虑的问题之一。如要考虑选用的植物是否耐修剪等
8	市场采购方面	包括植物的规格、数量、价格及市场供应能力等

第四节 山石、水体与小品

一、山石

(一) 山石的种类及应用

室内山石配置不同于室外，受空间尺度等因素的影响和制约。

1. 假山

假山是以自然山石经人工组合而形成的景观，假山为室内叠山，必须有足够的室内空间才可设置。室内的假山多作为背景，给人们留出一定的观赏距离，尽量与绿化、水体配置相结合，切忌紧贴天花板，只有这样，才有利于远观近看。当假山与绿化、水景组合时，假山只起到背景的作用。对于假山石材的选择，一般常选用太湖石、英石、锦川石、剑石等，并采用卧、蹲、挑、悬、垂等手法进行设计。图 8-21 所示为假山实例。

图 8-21 假山

2. 石壁

石壁是指在室内空间中砌筑壁势挺直如削的材料面，在室内设置石壁时，应使石壁挺直、峭拔，壁面要有起伏，上大下小，有悬崖峭壁之势。

3. 峰石

峰石为单独设置的山石，应选形状、纹理优美者。可按上大下小的原则竖立起来，以便造势。

选择峰石一定要严格，湖石空透而不琐碎；黄石浑厚多变化，配置湖石不要留有矫揉造作的痕迹；配置黄石要力求美观耐看、不失质朴的性格。

砌筑峰石要求上大、下小，富有动感，同时还要平衡，不露出人工打造的痕迹。

4. 石洞

在室内设置石洞可以增加室内的自然情趣，但要注意位置适宜，恰到好处。石洞周围的环境处理尤为重要，要特别注意石洞与建筑环境的联系与过渡。石洞的大小可视功能而定，若为观赏性的洞，以小而有趣为佳；若为通过式石洞，则要做得相对大些，同时注意石洞周围的绿化配置。

5. 散石

散石即大小不一、零散布置的石体。散石在室内可作为小品，起到点缀、烘托环境气氛的作用。设置散石时，要注意其构成关系，做到三五聚散，疏密得体，大小相间，错落有致。

(二)山石的表现方法

在表现室内山石景观时,主要采用传统绘画的方式,其表现方法非常丰富。山石的质感十分丰富,根据其肌理和发育方向,无论是描绘平面、立面还是效果表现,都可用不同的线条组织方法来表现。

1. 平面表现

假山石可分为湖石、黄石、青石、石笋等。用钢笔画湖石,首先勾出湖石轮廓。轮廓线自然曲折,无刀削斧劈之感,即没有直线和折线。石之纹理自然起伏,多用随形体线表现。最后着重刻画出大小不同的洞穴。为了画出洞穴的深度,常常用笔加深其背光处,强调洞穴中的明暗对比。此外,需要注意的是,用线条勾勒时,轮廓线要粗,石块面、纹理可用较细较浅的线条稍加勾绘,以体现石块的体积感,如图 8-22 所示。

图 8-22　山石的平面表现

2. 立面表现

立面图的表现方法与平面图基本一致。轮廓线要粗,石块面、纹理可用较细较浅的线条稍加勾绘,以体现石块的体积感。不同的石块应采用不同的笔触和线条表现其纹理,如图 8-23 所示。

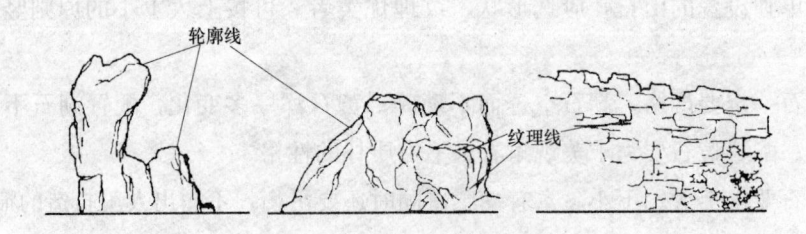

图 8-23　山石的立面表现

3. 山石小品和假山

山石小品和假山是以一定数量的大小不等、形体各异的山石作群体布置造型,并与周围的景物(建筑、水景、植物等)相协调,形成生动自然的石景。其平面画法与置石相似,立面画法示例如图 8-24 所示。作山石小品和假山的透视图时,应特别注意刻画山石表面的纹理和因凹凸不平而形成的阴影,如图 8-25 所示。

图 8-24　山石小品的表现　　　　　　　　图 8-25　假山的透视表现

二、水体

水是自然界生命的源泉，和人们的生活息息相关。水体不仅具有动感、富于变化的特点，更能够使空间充满活力和灵性。不同的水体可以渲染和烘托出不同的空间气氛和情调，或奔腾而下、气势磅礴，或蜿蜒流淌、欢快柔情，或静如明镜、清澈见底，具有极强的感染力。

(一)水体形式

以下简要描述几种主要水体形式：

(1)水池。水池是建筑水体中常用的形式之一，常与绿化和山石共同构成建筑景观。水池一般多置于庭中、楼梯下、路旁或室内外中界空间处。水池在室内可起到丰富和扩大空间的作用；在室外，可将水池设计从平面上分为方形、圆形、椭圆形以及曲折的自然形等，其大小、形状应根据空间的大小以及空间所需创造的意境来确定，如图 8-26 所示。通常水池还配有荷花、睡莲、浮萍等水生植物，形成一个完整的自然环境，池岸采用不同的材料筑成，可以表现不同的风格、意境，并且池水还可以根据不同的深浅形成滩、池、潭等多种水景。

图 8-26　规则几何形水池

(2)瀑布。瀑布是一种垂直形态的水体，多采用水幕形式。瀑布在各种水景中气势最为雄伟壮观，在室内利用假山、叠石及底部挖池作潭，使水自高处泻下，落入池潭之中，犹如天然瀑布，如图 8-27 所示。瀑布有挂瀑、叠瀑和帘瀑等多种。设计室内瀑布不在于其规模大小，而在于其是否具有天然的情趣。在设计手法上要尽可能做到水流曲折，分层、分段地下落，这样落差和水声使室内变得有声有色，静中有动，成为室内赏景和引人注目的重点。

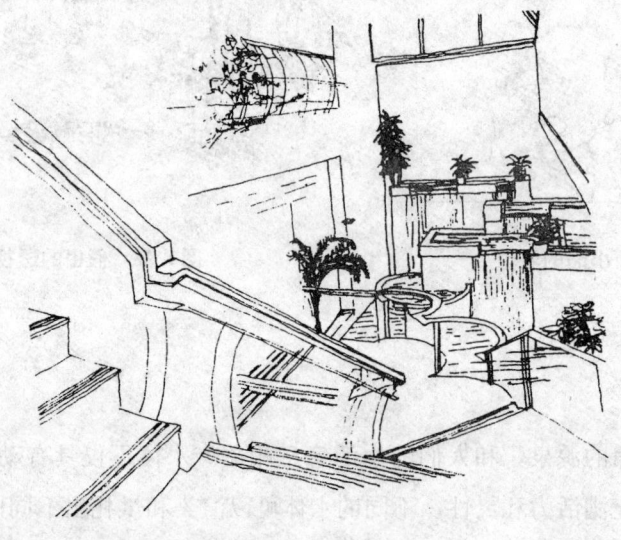

图 8-27 瀑布水景

(3)喷泉。喷泉是环境设计中常用的一种水体形式，能活跃气氛，历来为人们所喜爱。喷泉种类很多，尤其是现代喷泉，由于结合了声、光、电而显得更为新奇，有些喷泉甚至具有演示功能，为众多高档装饰场所所选用(图 8-28)。

(4)涌泉。涌泉是从地面、石洞或水中涌出的水体，多用于广场、大堂的装饰设计中，可使静态的景观增加一些动感，起到丰富景观效果、调节动静关系的作用。与喷泉相比，涌泉不如喷泉变化丰富、形态优美，但它却在空间中表现出幽静、深远的装饰效果，被较多地应用于宾馆大堂的装饰设计，如图 8-29 所示。

图 8-28 某政府会堂内的喷泉　　　　图 8-29 某宾馆大堂的涌泉

(5)落泉。落泉不同于瀑布，它是将水引入高处，然后自上而下层层跌落下来。落泉常和石级、草木组合造景，有时也可与山石、石雕相配合，构成有声有色的美妙景观，常被用于广场、中心及宾馆大堂内。

(6)涧溪。涧溪的水体呈线状，多与山石、小品组合置景，溪水蜿蜒曲折，时隐时现，时宽时窄，变化多端，常作为联系两处景点的纽带，形式细腻而富有情感。

(二)水体的表现方法

1. 静水的表现方法

静水的表现以描绘水面为主，同时还要注意与其相关景物的巧妙表现。水面表示可采用线条法、等深线法、平涂法和添景物法，如表 8-2 所示。其中前三种为直接的水面表示法，最后一种为间接表示法，如图 8-30 所示。

表 8-2 静水的表现方法

序号	画法	说　明
1	线条法	用工具或徒手排列的平行线条表示水面的方法称线条法。作图时，既可以将整个水面全部用线条均匀地布满，也可以在局部留有空白，或者只在局部画些线条。线条可采用波纹线、水纹线、直线或曲线。组织良好的曲线还能表现出水面的波动感
2	等深线法	在靠近岸线的水面中，依岸线的曲折作两三根曲线，这种类似等高线的闭合曲线称为等深线。通常形状不规则的水面用等深线表示
3	平涂法	用水彩或墨水平涂表示水面的方法称为平涂法。用水彩平涂时，可将水面渲染成类似等深线的效果。先用淡铅作等深线稿线，等深线之间的间距应比等深线法大些，然后再一层层地渲染，使离岸较远的水面颜色较深
4	添景物法	添景物法是添加与水面有关的一些内容以表示水面的一种方法。与水面有关的内容包括一些水生植物(如荷花、睡莲)、水上活动工具(如湖中的船只、游艇)、码头和驳岸、露出水面的石块等

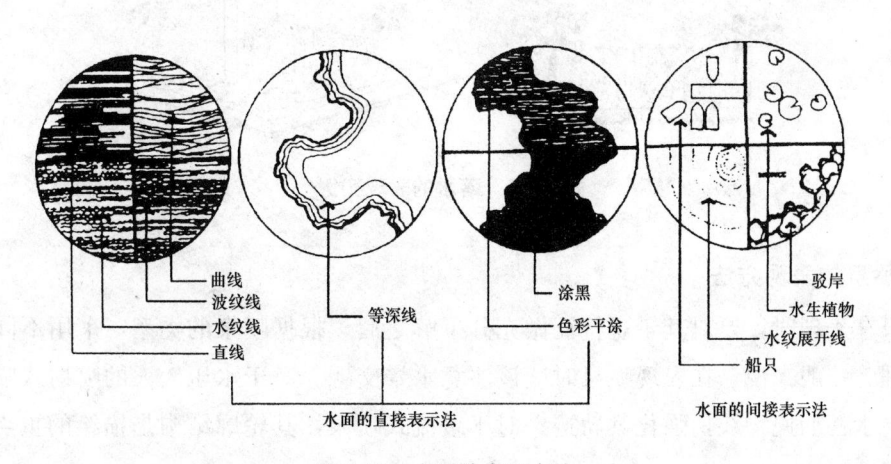

图 8-30 水面的表示方法

2. 流水的表现方法

流水在速度或落差不同时产生的视觉效果各有千秋。一般根据流水的波动来描绘水的性状及质感。和静水相同，描绘流水时也要注意对彼岸景物的表现。只是在表现流水的时候，一般根据水波的离析和因流向产生对景物投影的分割与颠簸来描绘水的动感。水波的流线是表达水的动感的最佳方式。在描绘流水时，通常以疏密不同的流线描绘水在流动时产生的动感效果，配合水流的方向表达，形成优美的节奏，如图8-31所示。

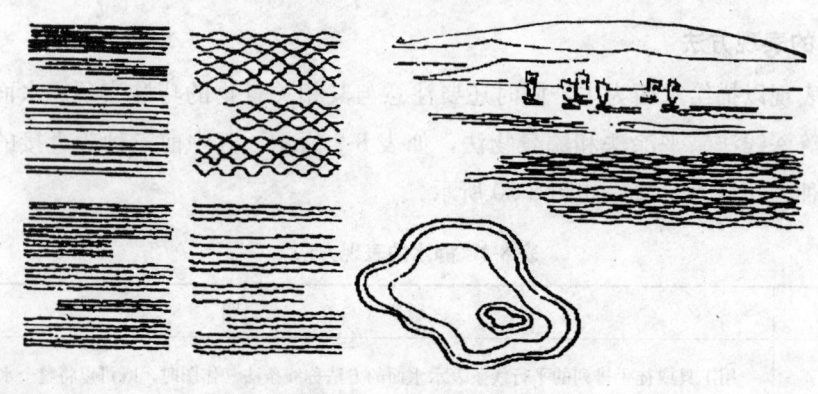

图8-31 流水的画法

3. 落水的表现方法

落水的表现也是水体表现技法中的一项重要内容。在景观设计中经常涉及以水造景的方法，水流根据地形自高而低，在悬殊的地形中形成落水。落水的表现主要以表现地形之间的差异为主，形成不同层面的效果。要根据不同的地形情况，对不同的题材应采用适当的方法，完美而整体地表现落水景观，如图8-32所示。

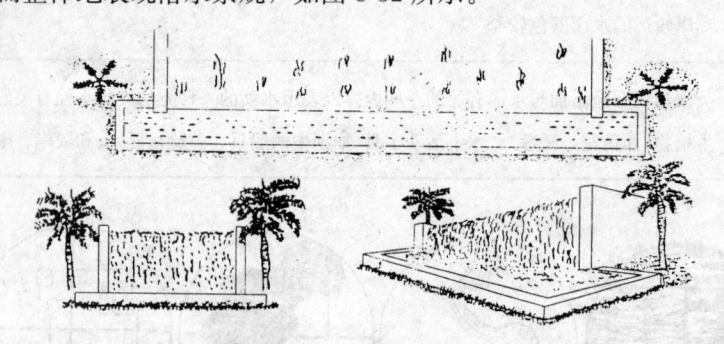

图8-32 落水的表现实例

4. 喷泉的表现方法

喷泉在表现时，要对其景观特征做充分了解之后，根据喷泉的类型，采用不同的方法进行处理。一般来说，在表现喷泉时应该注意水景交融。对于水压较大的喷射式喷泉，要注意描绘水柱的抛物线，强化其轨迹。对于缓流式喷泉，其轮廓结构是描绘的重点，如图8-33所示。

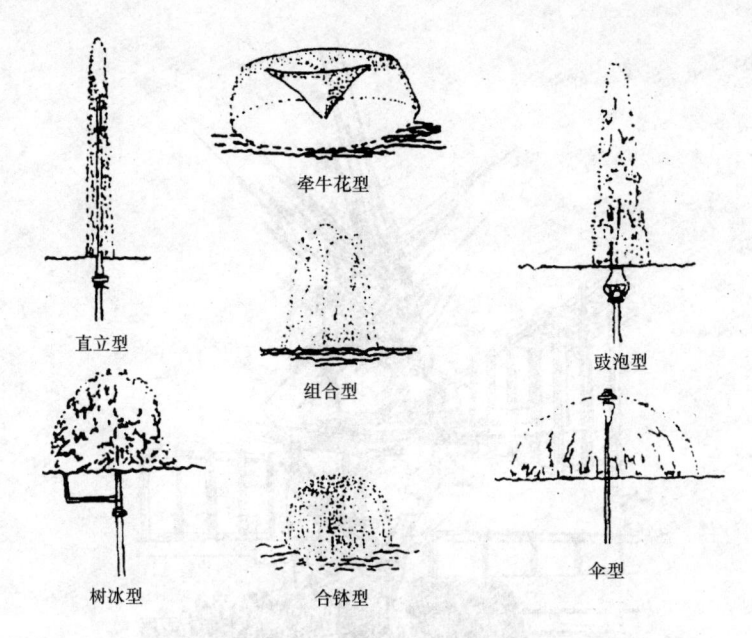

图 8-33 几种喷泉的画法示意

采用墨线条进行的描绘应该注意以下几点：
(1)水流线的描绘应该有力而流畅，表现水流在空中划过的形象。
(2)水景的描绘应该努力强调泉水的形象。增强空间立体感，使用的线条也应该平滑，但是，也要根据泉水的形象使用虚实相间的线条，以表达丰富的轮廓变化。
(3)泉水和其他水景共同存在时，应注意相互间的避让关系，以增强表现效果。
(4)水流的表现宜借助于背景效果加以渲染，这样可以增强喷泉的透明感。

三、小品

小品主要是指室内外空间中功能简明、体量小巧、造型别致、带有意境，且富于特色的小型艺术造型体。小品内容丰富，在空间环境中具有极强的装饰和美化作用，各类小品在室内外空间中或表达空间的主题，或组织、点缀、装饰、丰富空间内容，或充当小型的使用设施等。室内可设置的小品很多，如标牌（日历牌、留言牌、路标、公告牌等）、烟灰缸、休息凳、桌子、柱杆、痰盂、果皮箱等，这些和人接触较多，且处在人们的视野之中，尽管体量不大，却很重要，其造型、体量、质地、色彩和格调必然影响整个室内环境效果，所以室内小品是室内设计中一个不可忽视的部分。

小品的设计选择应与环境设计总体效果统一考虑，不拘一格，精心布置，宁缺毋滥，力求做到巧妙得体，精致适宜。根据室内小品精美、灵巧的特点，抓住小品的本质并结合到造型中去，然后进行布局点缀，巧妙而得体，起到画龙点睛的作用。图 8-34 为某广场水池小品布置。

图 8-34　某广场水池小品布置

本章小结

　　本章主要介绍了室内绿化的作用，室内绿化的布局与方法，室内植物的选择，山石、水体与小品等内容。在室内装饰设计中，将自然景观适宜地植入室内，使室内富于一定程度的园林景观气息。室内景观设计常用的园林配景方式有：观赏植物组景、水局组景、筑山石景，以及园林建筑小品等。将自然景观和人工造景的方法进行组景，使室内景观丰富，从而美化了室内空间。

思考与练习

一、填空题

1. 利用绿化组织室内空间，强化空间，主要表现在对空间进行_____、_____、_____、_____等方面。

2. 室内绿化的布局形式多种多样，根据室内绿化布置的形态不同可分为_____、_____、_____及_____等形式。

3. 在表现室内山石景观时，主要采用_____的方式。

4. 水面表示可采用_____、_____、_____和_____。

二、填空题

1. （　）可以吸收室内有害气体。

　　A. 棕榈　　　　　　B. 松柏　　　　　　C. 樟树　　　　　　D. 悬铃木

2. 下列属于草本植物的是（　）。

　　A. 蒲葵　　　　　　B. 水仙　　　　　　C. 绿萝　　　　　　D. 长寿花

3. 下列说法错误的是（　）。

　　A. 当假山与绿化、水景组景时，假山应起到主景的作用

　　B. 砌筑峰石要求上大、下小，富有动感

　　C. 在室内设置石洞可以增加室内的自然情趣，但要注意位置适宜，恰到好处

　　D. 在散石设置时，要注意其构成关系

4. 用水彩或墨水平涂表示水面的方法称（　）。

　　A. 线条法　　　　　B. 等深线法　　　　C. 平涂法　　　　　D. 添景物法

三、简答题

1. 室内绿色的美化作用主要通过哪些方式来体现？
2. 室内绿化的配置方法有哪些？
3. 室内植物的选择要参考哪些条件？
4. 怎样进行室内假山的布置？
5. 采用墨线条进行喷泉描绘时，应该注意哪些事项？
6. 小品的设计选择应符合哪些要求？

第九章　建筑室内装饰设计

学习目标

通过对本章的学习，熟悉地面装饰、墙面装饰、顶棚装饰、门窗装饰及楼梯装饰的作用、原则及要求；掌握地面装饰、墙面装饰、顶棚装饰、门窗装饰及楼梯装饰的设计形式；了解其他类型的建筑室内装饰设计。

能力目标

通过对本章的学习，了解建筑室内装饰的作用；能够进行居住类、办公类和商业类建筑的室内装饰设计。

第一节　地面装饰设计

一、地面装饰设计要求

(1)必须保证坚固耐久和使用的可靠性。
(2)应满足耐磨、耐腐蚀、防潮湿、防水、防滑甚至防静电等基本要求。
(3)应具备一定的隔声、吸声和保温性能，具有一定的弹性。
(4)应满足视觉要素的要求，使室内地面与整体空间融为一体，并为之增色。
(5)地面形状和图案的变化要结合室内功能区的划分以及家具的陈设布置统一考虑。

二、地面装饰设计作用

地面饰面，通常是指在普通水泥地面、混凝土地面、砖地面以及灰土垫层等地层表面上做的饰面层，其作用主要体现在以下几方面：

(1)保护楼地面。对于某些楼地面，因构成地面的主体材料的强度较低，此时，就有必要依靠面层来解决如耐磨损、防磕碰以及防渗漏等问题。
(2)保证使用功能。建筑物楼、地面应满足的基本要求是具有必要的强度、能耐磨损、耐磕碰和表面平整光洁、便于清扫等。对于楼面，要有防止渗漏性能，对于首层地坪，应有一定的防潮性能。当然，上述这些基本要求，因建筑的使用性质和部位的不同会有很大的差异。对于要求较高的建筑，还应满足隔声要求、保湿要求、吸声要求、弹性要求等。

(3)满足装饰要求。地面装饰是整个室内装饰效果的重要组成部分，要结合空间形态、家具陈设、人的活动状况及心理感受和建筑的使用性质等因素综合考虑，妥善处理好地面装饰与功能要求之间的关系。

三、地面装饰材料选用

常用的地面装饰材料有地板类材料、地砖类材料和石材类材料三大类。

(一)地板类材料

常用的地板类材料有木地板、竹地板、塑料地板等。

1. 木地板

木地板大致可分为实木地板、复合地板、强化木地板等。

(1)实木地板。实木地板天然质朴、自然而又华贵，可以营造出与人有最佳亲和力且高雅的居室环境，弹性好，脚感舒适，冬暖夏凉，能调节室内的温度和湿度，本身不散发有害气体，是真正的绿色环保家装材料。

(2)复合地板。复合地板的优点是硬度高、抗磨损、抗污、阻燃、防水且较容易打理；不足是外观和质感始终与天然实木地板有差距，而且湿水程度在突破一定防水线后，会出现永久性膨胀，外观变得起伏不平。

(3)强化木地板。强化木地板是一层或多层专用纸浸渍热固氨基树脂，铺装在刨花板、中密度纤维板、高密度纤维板等人造板基材表层，背面加平衡层，正面加耐磨层，经热压而成的地板。其特点为：耐磨、款式丰富、抗冲击、抗变形、耐污染、阻燃、防潮、环保、不褪色、安装简便、易打理、可用于地暖等。其缺点有地板损坏无法修复、地板防滑性能差、易于受潮变形等。

2. 竹地板

竹板拼接采用胶粘剂，施以高温高压而成。地板无毒，牢固稳定，不开胶，不变形。经过脱去糖分、脂肪、淀粉、蛋白质等特殊无害处理后的竹材，具有超强的防虫蛀功能。地板六面用优质进口耐磨漆密封，阻燃，耐磨，防霉变。地板表面光洁柔和，几何尺寸好，品质稳定。是住宅、宾馆和写字间等场所的高级装饰材料。

竹地板和实木地板相比，收缩和膨胀小。在耐用性上，竹地板也稍显薄弱，一经日晒或水湿就易出现分层现象，更有甚者会蛀虫，严重影响其使用寿命。竹地板虽然经干燥处理，其竹材是自然型材，所以它还会随气候干湿度变化而有变形。

3. 塑料地板

塑料地板，即用塑料材料铺设的地板。塑料地板按其使用状态可分为块材(或地板砖)和卷材(或地板革)两种。按其材质可分为硬质、半硬质和软质(弹性)三种。按其基本原料可分为聚氯乙烯(PVC)塑料、聚乙烯(PE)塑料和聚丙烯(PP)塑料等数种。由于PVC具有较好的耐燃性和自熄性，加上它的性能可以通过改变增塑剂和填充剂的加入量来变化，所以，目前PVC塑料地板使用面最广。

PVC卷材地板具有以下特点：

(1)优良的耐候性、耐老化性、耐臭氧性。

(2)耐油、耐化学药品性能好，耐磨性好，耐污染。

(3)弹性伸长率优于PVC地板，脚感好。

(4)颜色丰富，仿真性强。

(二)地砖类材料

常用地砖类材料有陶瓷墙地砖、陶瓷马赛克、缸砖等。

1. 陶瓷墙地砖

陶瓷墙地砖是指建筑物外墙装饰用砖和室内外地面装饰用砖，因此，类陶瓷砖通常可以墙地两用，所以被称为墙地砖。陶瓷墙地砖通常为炻质或半瓷质，是以优质陶土为主要原料，再加入其他材料配成生料，经半干压成型后在1 100 ℃左右焙烧而成，通常分为有釉和无釉两种。

(1)彩色釉面陶瓷墙地砖质地致密，强度高，吸水率小，易清洁，耐腐蚀，热稳定性、耐磨性及抗冻性均较好且装饰效果好，常用于外墙装饰及餐厅、商场、实验室、卫生间等室内场所地面的装饰铺贴。一般铺地用砖较厚，外墙饰面用砖较薄。

(2)无釉陶瓷地砖具有质坚耐磨、强度高、硬度大、耐冲击、耐久、吸水率较小等特点。无釉陶瓷地砖经不同颜色和图案组合，形成质朴、大方、高雅的风格，被广泛应用于公共建筑的大厅和室外广场的地面铺贴，同时兼有分区、引导、指向的作用。各种防滑无釉陶瓷地砖被广泛用于民用建筑的室外平台、浴厕等作地面装饰。

2. 陶瓷马赛克

陶瓷马赛克，是以优质黏土烧制而成的边长小于40 mm的陶瓷制品，由各种颜色多种几何形状的小块瓷片铺贴在牛皮纸上而成。

陶瓷马赛克具有质地坚实、色泽图案多样、吸水率极小、耐酸、耐碱、耐磨、耐水、耐压、耐冲击、易清洗、防滑等特点，并且色泽美观、稳定，可拼出风景、动物、花草及各种图案，以达到不俗的视觉效果。陶瓷马赛克在室内装饰中，可用于浴厕、厨房、阳台、客厅、起居室等处的地面，也可用于墙面。

3. 缸砖

缸砖，又称红地砖，是用陶土为主要原料烧成的地面砖。方形或多边形。一般是暗红色。密实耐磨，易于洗刷。常用于室外和公共建筑物的地面。

(三)石材类材料

常用石材类材料有天然花岗石、天然大理石和各类人工石材等。

1. 天然花岗石板材

天然花岗石经加工后的板材简称花岗石板。花岗石板以石英、长石和少量云母为主要矿物组分，随着矿物成分的变化，可以形成多种不同色彩和颗粒结晶的装饰材料。花岗石板材结构致密，强度高，孔隙率和吸水率小，耐化学侵蚀，耐磨，耐冻，抗风蚀性能优良，经加工后色彩多样且具有光泽，是理想的天然装饰材料。常被用于高、中级公共建筑，如宾馆、酒楼、剧院、商场、写字楼、展览馆、公寓、别墅等内外墙饰面和楼地面铺贴，也用于纪念碑（雕像）等饰面，具有庄重、高贵、华丽的装饰效果。

2. 天然大理石板材

天然大理石板材简称大理石板材，是建筑装饰中应用较为广泛的天然石饰面材料。大理石镜面板材强度较高，吸水率低，但表面硬度较低，不耐磨，耐化学侵蚀和抗风蚀性能较差，长期暴露于室外受阳光雨水侵蚀易褪色失去光泽，主要用于大型建筑或装饰等级高的建筑，如用于商场、展览馆、宾馆、饭店、影剧院、图书馆、写字楼等公共建筑物的室内墙面、柱面、台面和地面的装饰等。

四、地面装饰设计形式

1. 木地面

木地面分普通条木地面、硬条木地面和拼花地面三种，不仅具有良好的弹性、蓄热性和接触感，而且还具有不起灰、易清洗等特点。由于木材导热系数小，冬天能给人以温暖感，所以木地面常常被用于住宅、宾馆、餐厅、舞台、体育馆等处。

2. 块材地面

大理石地面、花岗石地面、水磨石地面耐磨、易清洁，并能产生微弱的镜面效果，常给人富丽豪华的感受，是公共空间（如起居室、门厅、会议厅等）的常用材料。其中大理石地面与天然花岗石等天然石材一样，具有良好的抗压性和硬度，质地坚硬耐磨、耐久、自然、质朴。水磨石地面光洁、平整、耐磨、耐水、耐久、耐酸碱、不起灰、易清洁，可以设计成不同的色彩和图案。

地砖的质地细密、强度较高、耐磨性好、耐酸碱、防水、易清洗、不起灰，可用于实验室、卫生间和厨房等处。其形状有方形、矩形和六角形等。地砖地面分上釉和不上釉两种。

3. 塑料地面

塑料地面由人造合成树脂加入适量填料、颜料与麻布复合而成。塑料地面柔韧，纹理、图案可选性强，有一定的弹性和隔热性。目前，国内塑料地板主要有两种产品：一种为聚氯乙烯块材（PVC）；另一种为氯化聚乙烯卷材（CPE）。后者的耐磨性和延伸率都优于前者。塑料地板不仅具有独特的装饰效果，而且具有脚感舒服、质地柔韧、不易沾灰、噪声小、耐磨、耐腐蚀、易清洗、绝缘性能好、便于更换、价格低廉等优点，但其不足之处是不耐热、易污染，受锐器磕碰易损坏，常用于一般性民用住宅或普通办公用房。

4. 美术水磨石地面

美术水磨石地面分预制和现浇两种，由铜条嵌缝划分成各种色彩和花饰图案，经磨光打蜡后，即成纹饰漂亮的光滑地面。由于掺种料（各色石子或大理石的碎片）和色彩掺合剂的不同，地面效果也各不相同，具有较强的装饰效果。因便于洗刷、耐磨，常用于人流集中的大空间，如食堂、候车厅、商场等。

5. 马赛克地面

马赛克地面具有色泽明净、图案美观、质地坚硬、经久耐用、抗压强度高、耐水、耐酸、耐碱、耐污染、耐腐蚀、不滑、易清洗等特点，多用于工业建筑的洁净车间、工作间、化验室以及民用建筑的门厅、走廊、餐厅、厨房、浴室、卫生间等处，分为方形、矩形、六角形等不同形状，花色繁多，可拼成各种图样。但是，由于马赛克的块面较小，在大面积地面上容易产生杂、碎之感，故其应用受到一定限制。

五、地面图案类型

在地面造型上，运用拼花图案设计，可暗示人们某种信息，或起标识作用，其图案和色彩不会较多刺激人的视觉。因此，必须对地面的图案进行精心的研究和选用。地面的图案设计大致可分为三种类型：

(1)强调图案本身的独立完整性。这种类型的图案多用于特殊的限定性空间。例如，会议室常采用内聚性的图案，用以显示会议的重要性，色彩要和会议空间相协调，取得安静、聚神的效果，同时，质地要根据会议的重要性和参加者的级别而定。

(2)强调图案的连续性和韵律感。这种类型的图案具有一定的导向性和规律性，常用于走道、门厅、商业空间等处，其图案色彩和质地要根据空间的性质、用途而定。

(3)强调图案的抽象性和自由多变。这种类型的图案常用于不规则或灵活自由的空间，能给人以轻松自在的感觉，色彩和质地的选择也较灵活。

第二节 墙面装饰设计

一、墙面装饰设计作用

(1)保护墙体。墙体装饰能使墙体在室内物理环境较差（如湿度较高）时不易受到破坏，从而延长使用寿命。

(2)装饰空间。墙面装饰能使空间美观、整洁、舒适，富有情趣，渲染气氛，增添文化信息。

(3)满足使用。墙面装饰具有隔热、保温和吸声作用，能满足人们的生理要求，保证人们在室内正常工作、学习、生活和休息。

二、墙面装饰设计原则

(1)充分考虑墙面与室内其他部位的统一。
(2)确保建筑风格的统一以及构件和空间的真实性。
(3)墙面材料比其他部分材料的耐久性略高。
(4)墙面质感、色彩以及形状比例等要与室内气氛相协调。

三、墙面装饰设计形式

1. 抹灰类装饰

室内墙面抹灰可分为抹水泥砂浆、白灰水泥砂浆、罩纸筋灰、麻刀灰、石灰膏或石膏，以及拉毛灰、拉条灰、扫毛灰、洒毛灰和喷涂等几种。石膏罩面的优点是颜色洁白、光滑细腻，但工艺要求较高。拉毛灰、拉条灰、扫毛灰、洒毛灰和喷涂等具有较强的装饰性，统称为"装饰抹灰"。有些室内还采用引条拉毛形式，以增强墙面的立体感。

2. 涂刷装饰

室内使用的涂刷材料很多，主要有白灰、油漆、可赛银浆、乳胶漆等。这些材料施工方便，价格低廉，色彩丰富，图纹多样，一般多用于中低档室内装饰；但若与高级材料搭配得当，施工精细，也会收到很好的效果。

3. 卷材装饰

卷材类材料已日益成为室内装饰的主要材料之一，如涂塑墙纸、塑料墙纸、玻璃纤维墙布、丝绒、锦缎、人造革、皮革等。这些材料使用灵活，便于更新，色彩丰富，可模仿多种材料质感，装饰效果十分丰富。因便于运输，施工简单，所以应用十分广泛。

(1)涂塑墙纸价格较低，花色品种多、装饰效果好，有一定的透气性，表面可以轻擦，有一定的弹性，允许墙面抹灰有一定的弹性。

(2)塑料墙纸外观丰富多彩，有的印花，有的压花，有的类似真丝锦缎，有的带有立体花纹；有的静电植绒，质感柔软；有的带有大幅风景画面，自然而富有层次感。有些墙纸仿木、仿石、仿清水砖墙，几乎达到以假乱真的程度。

(3)玻璃纤维墙布是一种由玻璃纤维织物经染色、印花等多种工艺过程制成的墙布，其图案、色彩可随意设计，品种繁多，坚韧结实，耐火、耐水冲洗，且价格低廉；缺点是盖底能力差，基底颜色不均匀时容易粘在木基层上。

(4)丝绒和锦缎都是高档织品，其色彩真实，品种多样，质地柔软，质感温暖，格调高雅，常用于客厅、居室、会议室。但价格较高，施工难度大，不易清洗，而且对室内的湿度、清洁度有较高的要求。

(5)皮革、人造革墙面柔软、消声、温暖，适用于幼儿园、练功房等避免碰撞的房间，同时也适用于电话间、录音室等对声学要求较高的房间。若将其用于小餐厅和会客室等空间，可使环境更高雅；用于客房、起居室等地，可使环境更舒适。用皮革和人造革覆盖墙面时，墙面应先进行防潮处理。皮革或人造革的下面可衬泡沫塑料或其他柔软材料。

4. 贴面装饰

(1)陶瓷锦砖(马赛克)贴面。墙面光洁，色彩丰富多样，耐水、耐磨、防潮，便于冲洗，常用于厨房、卫生间的墙面装饰。有时用瓷砖和马赛克拼画，也可使墙面增强艺术性。

(2)大理石。大理石是一种装饰性很强的装饰材料，常用于大型公共建筑的门厅、大厅等比较重要的场所。大理石光洁度高、质地细密、纹理自然、美观耐看，有多种多样的颜色和花纹可供选用。大理石贴面施工较复杂，价格较高，常用于公共建筑的门厅、休息厅、中庭等主要部位。

(3)琉璃贴面。表面光滑细腻，耐久耐腐，是一种颇显质感的中国传统装饰材料。过去多用于建筑外装修，随着室内设计的发展，现在也经常用于室内装饰，体现中国传统古色古香的视觉感受。适当地用于室内墙面装饰及局部地方的点缀，可以获得较为强烈的艺术美感。

(4)石膏板。石膏板具有可钻、可钉、可锯、防火、质轻、隔声、不易蛀等特点，既可以在表面喷涂、油漆或贴壁纸，也可以钉挂在龙骨上形成轻质隔墙。

第三节　顶棚装饰设计

一、顶棚装饰设计作用

(1)遮盖各种通风、照明、空调线路和管道。

(2)为灯具、标牌等提供一个可载实体。

(3)创造特定的使用空间气氛和意境。

(4)起到吸声、隔热、通风的作用。

二、顶棚装饰设计要求

(1)注意顶棚造型的轻快感。轻快感是一般室内空间顶棚装饰设计的基本要求。上轻下重是室内空间构图稳定感的基础，所以天棚的形式、色彩、质地、明暗等处理都应充分考虑该原则。当然，有特殊气氛要求的空间例外。

(2)满足结构和安全要求。顶棚的装饰设计应保证装饰部分结构与构造处理的合理性和可靠性，以确保使用安全，避免意外事故的发生。

(3)满足设备布置的要求。顶棚上部各种设备布置集中，特别是高档次、大空间的顶棚上，通风空调、消防系统、强弱电错综复杂，设计中必须综合考虑，妥善处理。同时，还应协调好通风口、烟感器、自动喷淋器、扬声器等与顶棚面的关系。

三、顶棚装饰设计形式

1. 平整式顶棚

平整式顶棚表面平整，无凹凸面（包括斜面或曲面），其特点是顶棚表现为一个较大的平面或曲面。这个平面或曲面可能是屋（楼）面承重结构的下表面，表面直接用喷涂、粉刷、壁纸等装饰（也称直接抹灰顶棚）；也可能是用轻钢龙骨与纸面石膏板、矿棉吸声板等材料做成平面或曲面形式的吊顶。有时，顶棚由若干个相对独立的平面或曲面拼合而成，在拼接处布置灯具或通风口。这种天棚构造简单，装饰便利，外观朴素大方，造价不高。其艺术感染力主要来自顶面的色彩、形状、质地、图案及灯具的有机配置。平整式顶棚适用于展厅、商店、办公室、教室、居室等大面积空间和普通室内空间的装修。

2. 井格式顶棚

井格式顶棚是结合结构梁架形式（主次梁交错以及井字梁的关系），配以灯具和石膏花饰图案，利用井字梁的节点和中心来布置灯具和加以适当装饰。在这种井格式顶棚的中间或交点布置灯具、石膏花饰或绘彩画可以使顶棚的外观生动美观，甚至表现出特定的气氛和主题。有些顶棚上的井格是由承重结构下面的吊顶形成的，这些井格的梁与板可以用木材制作，可雕可画，方便操作。

井格式顶棚常用彩画来装饰，彩画的色调和图案应以空间的整体要求为依据，图9-1所示为木隔片做成的井格式顶棚。

图9-1 木隔片做成的井格式顶棚

3. 悬挂式顶棚

悬挂式顶棚是在屋顶承重结构下面悬挂各种折板、曲板、平板或其他形式的吊顶，如玻璃顶、装饰织物顶等，这种顶棚处理方式往往是为了满足声学、光学等方面的要求，或是为了追求某些特殊装饰效果。

在影剧院的观众厅中，悬挂式顶棚的主要功能在于形成角度不同的反射面，以取得良好的声学效果。在餐厅、茶室、商店等建筑中，也常常采用不同形式的悬挂式顶棚。

悬挂式顶棚造型新颖、别致，并能使空间气氛轻松、活跃，具有一定的艺术趣味，是现代作品中常用的形式。

4. 分层式顶棚

电影院、公议厅等空间的顶棚常常采用暗灯槽，以取得柔和、均匀的光线。为与这种照明方式相适应，顶棚可以做成几个高低不同的层次，即分层式顶棚。分层式顶硼的特点是简洁大方，与灯具、通风口的结合更自然。在设计这种顶棚时，要特别注意不同层次间的高度差，以及每个层次的形状与空间的形状是否相协调。

5. 凹凸式顶棚

凹凸式顶棚是指将顶棚表面设置单层或多层的凹凸变化，常与吊灯、灯槽有机配合，并力求整体感，用材不宜过多过杂，各凹凸层的主从关系和秩序性不宜过于复杂，一般设于室内重点空间或空间的转折处，不能随意运用，否则将使空间显得凌乱不堪。这种方式常用于舞厅、餐厅等。

6. 玻璃顶棚

现代大型公共建筑的大空间（如展厅、四季厅等），为了满足采光的要求，打破空间的封闭感，使环境更富情趣，除把垂直界面做得更加开敞、空透外，还常常把整个顶棚做成透明的玻璃样式。

玻璃顶棚有两种形式：一是发光天棚，即在天棚里布置灯管，下面敷设乳白玻璃、毛玻璃或蓝玻璃，给室内造成一种犹如蓝天、白昼的感觉；另一种是直接采光天棚，现代大型公共建筑的门厅、中庭、展厅等常采用这种形式。

玻璃顶棚因为直接对外并受阳光直射，易使室内产生眩光和大量辐射，所以在玻璃材料选用上要特别注意，以免破损后伤人。

第四节　门窗装饰设计

一、门窗作用

门是联系建筑物各个空间的纽带，也兼有采光和通风作用，门的立面形式在建筑装饰中也是一个重要因素。窗的作用是采光和通风，对建筑立面装饰起很大的作用。同时两者有时还兼有在视觉上沟通空间的作用，如大的落地窗。处理好门和窗的装饰设计，对于建筑的室内和外观都有画龙点睛的作用。

二、门窗设计基本原则

(1)门窗的造型要与室内整体空间气氛相一致。

(2)门窗的设计要有较强的实用功能。

(3)门窗的开启、设置位置、防护设施应与结构和安全性直接挂钩。

(4)门窗造型风格要与小五金风格形式统一。

(5)保证门窗的造型美。

三、各国传统门窗特点

(1)中国传统门窗样式很有特色，富有中国传统文化内涵。窗的外形丰富多样，有方形、长方形、圆形、多边形、扇形、海棠形等多种，图案布局也多种多样，有角饰、边饰、边角结合、周边连续、满池纹饰等。

(2)日式门窗多为木质长方形组合而成，门窗扇则多用轻巧整齐的小方格子组成，简洁、朴素、大方。

(3)欧洲教堂窗多用彩色玻璃镶嵌，玻璃装饰画面内容复杂、色彩浑厚丰富、色调统一协调，在壮观肃穆的气氛中，增添几分神秘色彩。

四、门窗装饰形式

(一)木门窗

1. 木门窗的分类

木门按结构形式可分为镶板门、夹板门、木板门、玻璃门(全玻与半玻)等，按使用部位分为分户门、内门、厕所门、厨房门、阳台门等。

木窗按其类型分为玻璃窗、纱窗、百叶窗等，按其开启方式分为平开窗(内、外开)、上悬窗、中悬窗和推拉窗(水平与上下推拉)。

2. 木门窗的组成

(1)木门的组成。门由边框、门扇、亮子、玻璃及五金零件等部分组成，如图9-2所示。亮子又称腰头窗(简称腰头、腰窗)；门框又叫门樘子，由边框、上框、中横框和中竖框等组成；门扇由上冒头、中冒头、下冒头、边梃、门芯板等组成；五金零件包括铰链、插销、门锁、风钩、拉手等。

(2)木窗的组成。窗一般由窗框、窗扇、五金零件和其他附件组成，如图9-3所示。窗框又称窗樘，是窗与墙体的连接部分，由上框、下框、边框、中横框和中竖框组成。窗扇是窗的主体部分，分为活动扇和固定扇两种，一般由上冒头、下冒头、边梃和窗芯(又叫窗棂)组成骨架，中间固定玻璃、窗纱或百叶。窗扇与窗框多用五金零件相连接，常用的五金零件包括铰链、插销、风钩及拉手等。

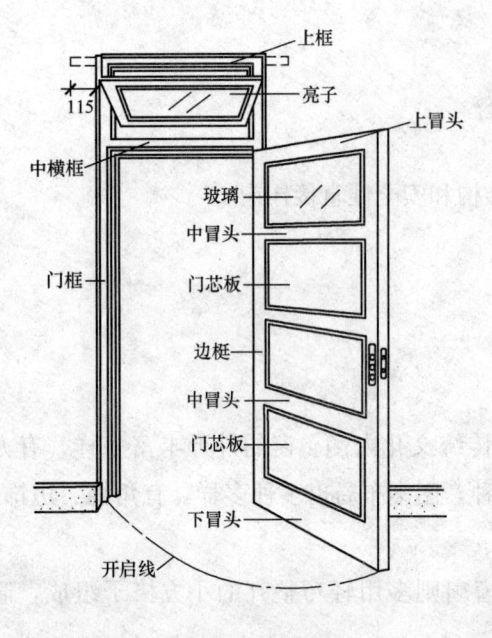

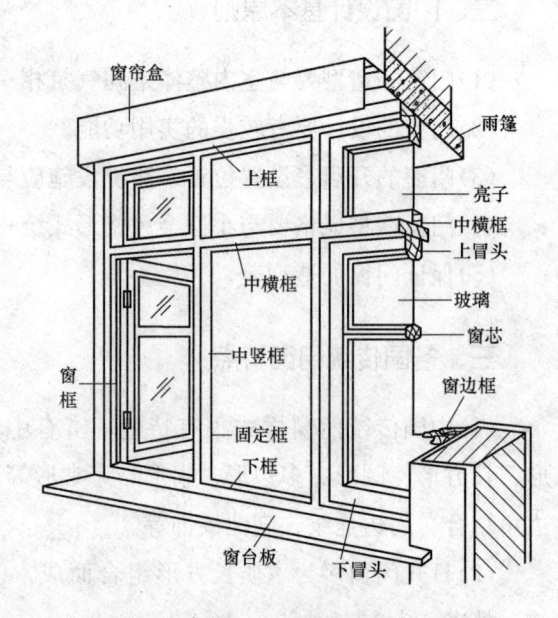

图9-2 门的组成　　　　图9-3 窗的组成

(二)铝合金门窗

随着技术的发展，铝合金门窗更多用于现代建筑装饰中，其优点是透光系数大、不易生锈、质量轻、密封度好、造型美观，广泛用于宾馆、饭店等公共建筑。

1. 铝合金门

铝合金门分为铝合金弹簧门、自动推拉铝合金门、旋转铝合金门、轻型卷帘门几种。

2. 铝合金窗

铝合金窗有固定、推拉、平开等形式，按其型材宽度分为38系列、50系列、70系列和90系列等。

(三)塑料门窗

塑料门大多由PVC制成，具有装饰性强、保养简单、耐水、耐腐蚀性等优点。塑料门可分为镶板门、框板门、折叠门、整体门和软质塑料透明门等。

塑料窗有90％以上是硬质PVC窗，其在结构上的特点是窗玻璃较大，一般一扇窗一块玻璃；干法安装，不用油灰；加工拼装简便；窗框与窗扇之间设有密封条，起气密作用。塑料窗结构形式很多，一般可分为固定窗、开启窗、翻窗、滑窗以及百叶窗等。

1. 塑料门用异型材

塑料门用异型材有门窗异型材、门扇异型材、增强型材几种。

2. 塑料窗用异型材

塑料窗用异型材有窗框异型材、窗扇异型材、辅助异型材几种，其中窗框异型材一般可分为固定窗框异型材、凹入式窗框异型材、外平式窗框异型材、T形窗框异型材四种。

第五节　楼梯装饰设计

一、楼梯装饰设计要求

楼梯装饰设计要求总体来说有以下几个方面：

(1)满足通行、疏散和家具搬运的要求。楼梯梯段的宽度、平台的宽度、踏步的宽度及高度等尺度，要满足人行走舒适、家具搬运方便等要求。

(2)符合结构、施工、防火要求。楼梯结构要满足承重的要求，构造尽量简单，以方便施工。楼梯使用的材料要为非可燃物，满足建筑防火的要求。

(3)坚固安全、经济合理。楼梯各组成部分的连接应牢固，楼梯栏杆、扶手连接牢固。楼梯的构造形式、材料的使用应符合经济的要求。

(4)协调美观。不同的楼梯形式、结构布置和细部构造处理，将影响到楼梯与住宅的协调美观。

二、楼梯装饰设计原则

建筑室内楼梯装饰设计应遵循以下原则：

(1)使用环保材料。楼梯也是由"装饰材料"组成的，所以避免使楼梯挥发出对人有害的化学物质。

(2)消除部件锐角。楼梯的所有部件应光滑、圆润，没有突出的、尖锐的部分，以免对使用者造成无意的伤害。

(3)注意扶手的温度。如果采用金属作为楼梯的栏杆扶手，那么最好在金属的表面做一下处理，尤其是在北方，金属在冬季时给人以冰冷的感觉。

(4)使用噪声要小。楼梯不仅要结实、安全、美观，它在使用时也不应当发出过大的噪声。楼梯的噪声与踏步板的材质以及整体设计有关，也与各个部件间的连接有关。

(5)施工要快捷、方便。应确定楼梯的安装方式。快捷、方便的安装对于人们的居住有益。采用方便的安装方式在安装的过程中会把噪声和粉尘减少到最低程度，而需要焊接的楼梯在安装过程中存在着安全隐患，气味和粉尘也会对家居环境造成污染。

三、楼梯装饰设计形式

为使楼梯在室内空间中得到完美体现，这就要对形式、造型、用料以及空间的利用有所了解。建筑室内楼梯装饰设计主要有以下三种形式：

(1)直线倾斜向上式。这种形式比较常见，占地面积小，两边结合墙壁设置栏杆和扶手。根据客厅、走廊和其他部分的室内整体风格加以修饰。另一种也是依墙体而建，加上透空的栏杆，其造型与墙裙的装饰协调统一即可，色彩方面不受特别限制。

(2)弧形微旋向上式。这种形式占地面积略大，显现出艺术美感，活跃室内气氛，由于弧形的特性，造型方面可大胆、夸张。特别是在色彩上，无论施用近似色，与室内色彩一致，还是取对比色调，造成强烈反差，均可以产生豪华气派的效果。

(3)螺旋向上式。这种形式有强烈的动态美感。由于建于厅堂偏中部位，不靠墙，故围栏不能借助墙体，而需要加上透空的栏杆，因此可以更好地突出了楼梯自身的艺术魅力。当然楼梯形式的选择则要依赖房间的整体大小。

四、踏步、栏杆和扶手

建筑室内楼梯的装饰设计还包括对楼梯的踏步、栏杆和扶手进行装饰设计。

1. 踏步

踏步面层应当平整光滑，耐磨性好。面层材料要便于清扫，并应当具有一定的装饰效果。踏步的面层材料多为水泥、石材、瓷砖、地毯、玻璃和木材。玻璃踏步大多用磨砂，不全透明，厚度在 10 mm 以上，其形态轻盈剔透，具有较强的感染力，但玻璃踏步的防水性较差，不够安全；木质踏步质地温和、行走舒适，施工也相对方便，但是其产生的噪声较大，也不利于防火；石材踏板虽然触感生硬且较滑，但装饰效果豪华，易于维护，防潮耐磨。

2. 栏杆和扶手

建筑室内以木质栏杆和铁质栏杆较为常见。栏杆有时也以栏板的形式出现，其材质多为玻璃或混凝土。栏杆的风格通常有两种：一种是西方古典风格，使用木柱、铁质花饰或欧美建筑中常用的栏板；另一种是现代风格，多用简洁明快的玻璃栏板或杆数较少的栏杆，强调其现代感。

进行栏杆设计时，栏杆的形式不但要符合安全要求，还要注意材质组合的协调性与居室设计风格的统一性。

第六节　不同类型的建筑室内装饰设计

一、居住建筑室内装饰设计

1. 客厅

客厅也被称为起居室，具有多功能的特点，是家人团聚、起居、休息、会客、娱乐、视听活动的场所。一般来说，客厅是家庭中成员活动最为集中、使用频率最高的房间，也是最大的一个房间。客厅装饰设计的目标是舒适便利、优雅悦目、突出个性，其装饰风格取决于家庭成员的性格和目标追求的确定。

起居室设计的内容包括以下几个方面：

(1)客厅的尺度布置。随着生活水平的提高，人们对生活舒适性的要求也在提高，人们更加重视在紧张的工作之余与家人团聚的重要性。所以起居室的设计要尽可能大地扩大其面积。

起居室的布置因人而异，没有一个固定的模式，设计者首先根据居住者的要求，确定设计意向，即起居室的风格，然后再做具体的布置。

(2)空间界面设计。空间界面设计包括地面装饰设计、墙面装饰设计、顶棚装饰设计。

(3)起居室陈设设计。起居室的陈设设计除了考虑家具的布置外，还要考虑人的视线高度、看电视的最佳视距、音响的最佳传声、空调机的安装高度或摆放位置等。

(4)照明设计。起居室是起居生活的中心，活动内容比较丰富，采光要求也富于变化。在会客时，采用全面照明；看电视时，可在座位后面设置落地灯，有微弱照明即可；听音乐时，可设置低照度的间接光；读书时，可在左后上方设一光源。

2. 卧室

卧室是家庭成员睡眠、休息的地方，是居室中最具私密性的空间。一般居室分为主卧室和次卧室(有些面积较大的住宅还有客房、保姆室等)。主卧室的家具主要有双人床(有时需考虑婴儿床)、衣柜、床头柜、梳妆台、沙发、电视柜等，次卧室主要有单人床、衣柜等。对于兼作学习用的卧室，还需放置书架、书桌等。

卧室设计的内容包括以下几方面：

(1)卧室的尺度与布置需要考虑家具的布置与活动空间。

(2)卧室的隔声与照明。卧室内外的隔声除了采用隔声效果好的墙体材料外，还要注意窗户的密闭性处理。一般来说，卧室要求有使人愉快、情绪平和的照明，因此大多采用局部照明或间接照明。

(3)卧室界面的装饰。卧室的地面要给人以柔软、温暖和舒适的感觉，因此最好铺设地毯。顶棚应采用吸声性能好的装饰绝缘板或矿棉板等。墙面布置要选择有温暖感和尊贵感的材料。

3. 厨房

厨房是专门处理家务膳食的工作场所，在家庭生活中具有重要作用。其基本功能是储物、洗切、烹饪、备餐以及用餐后的洗涤餐具与整理等。因此，厨房设计应突出空间的洁净明亮、操作方便、通风良好、光照充足，在视觉上也应给人以井井有条、愉悦明快的感觉。

厨房的设计内容主要包括以下几方面：

(1)厨房的尺度和布置。厨房的布置主要从方便性出发，使从事炊事劳动者能按照粗加工、洗切、细加工、配制、烹调、备餐这一系列的程序进行活动，避免相互间的干扰。

（2）厨房的换气。为解决厨房烹饪产生油烟的问题，应在灶台的上部设置抽油烟机或换气扇。厨房的自然通风也很重要，最好能有两个相对的窗户，借空气的对流而进行自然通风调节。

（3）厨房的装饰、采光与照明。为防止厨房的油烟沾污染渍，在设计中，墙面、地面应采用便于清洁的材料，如墙面用面砖，地面用地砖，顶棚用PVC装饰板、石膏板、金属板等装饰，既美观，又防火。

为了舒适、健康、卫生，厨房内的自然采光是必需的，因此，洗涤池前的窗或转角处的角窗非常必要。厨房的照明开关应放置在较易触摸到的地方。在操作面上可设置局部照明，宜柔和而明亮。由于厨房内蒸汽、油气较大，宜采用拆换、维修简便的灯具。

4. 卫生间

随着生活水平的提高，卫生间的功能也趋于多样化。即由原来的单一用厕发展到现在的盥洗、用厕、洗脸、洗衣等多种功能兼备。卫生间的设施包括浴缸、淋浴器、坐便器、洗脸池、洗衣机等。一般来说，卫生间的设计除了合理分隔浴室，减少便溺、洗浴、洗衣和化妆洗脸的相互干扰等条件外，还应注意整体功能布局、色彩搭配、卫生洁具选择和小物体配套等。

卫生间在色彩设计上可选用明亮的色彩为主要背景色，在搭配上要强调统一性和融合感或大胆地运用对比色等。

二、旅游建筑室内装饰设计

(一)酒店大堂的室内装饰设计

1. 大堂功能与设计的关系

大堂是旅客获得第一印象和最后印象的主要场所，是酒店的窗口，为内外旅客集中地和必经之地。因此，大多数旅店均把大堂视为室内装饰的重点，集空间、家具、陈设、绿化、照明、材料等之精华于一厅。

2. 大堂空间设计

大堂设计在空间设计上宜比一般厅室要高大开敞，以显示其建筑的核心作用，并留有一定的墙面作重点装饰(如绘画、浮雕等)，同时还要考虑必要的具有一定含义的陈设(如大型古玩、珍奇品等)位置。

3. 大堂装饰设计中的材料选用

在选择装饰材料上，应以高档的天然材料为宜。用花岗石、大理石等装饰材料显得庄重、华贵；高级木材装修则显得亲切、温馨。大堂地面常用花岗石，局部休息处可考虑用地毯；墙、柱面可以与地面统一，采用花岗石或大理石，有时也用涂料；顶棚一般用石膏板和涂料。大堂的总台大都用花岗石、大理石或高级木材装修。

(二)酒店客房的室内装饰设计

酒店客房应有良好的通风、采光和隔声措施，以及良好的景观(如观海、观市容等)和风向，或面向庭院；避免面向烟囱、冷却塔等。

酒店客房设计的室内装饰设计内容包括客房的种类和面积标准、客房的家具设备、客房的设计和装饰。

三、商业建筑室内装饰设计

(一)商业空间装饰设计原则

1. 功能性原则

商业空间室内外环境装饰设计首先应以创造良好的商业空间环境为宗旨，把满足人们在营销环境中进行购物、观赏、休息及享受现代商业的多种服务作为设计的要点，并使商业营销环境达到舒适性与科学性的要求。

2. 精神性原则

伴随着社会的进步与人们生活水平的提高，人们更多地期望能在精神方面获得更高层次的享受。因此，现代商业环境除了要满足顾客日益增长的各种物质需求外，还要满足休闲、娱乐、交往及审美等方面的精神追求。

3. 技术性原则

现代商业环境的营造，必须依赖现有的建筑材料、施工技术等物质技术手段，并充分利用先进的技术设备，让顾客体验到现代科技的发展带来的享受。

4. 创新原则

不同的商业空间由于商品类型、顾客群特点等的不同，在装饰设计中具有不同的要求。设计中要加强创新意识，展现个性化特点。

(二)商业空间装饰设计的内容

1. 整体形象

商业空间的形象应从商品的属性、商品的服务对象、商场的位置出发，以确定基本的设计条件和形象定位。但随着商业的不断发展，商业空间的设计不再是独立的形象塑造工作，它和企业精神、经营理念、消费者心态、广告战略等紧密地结合在一起。因此，室内环境设计应包括其企业整体文化内容，并突出表现在环境设计中。

商业形象设计时，应注意对以下问题的把握：

(1)形态的变异性与内涵性。

(2)色彩的视觉冲击力。

(3)主题的形象化和隐喻性。

2. 空间的布置与视觉引导

商业空间的布置必须从商业经营的整体战略出发，发挥出商业空间的最大作用，提高商业的经营效益，还要考虑到方便与吸引顾客，易于营销活动的开展与管理，并有利于商品的搬运。

视觉引导是商业空间的重要内容。视觉引导的设计有以下几种方法：

(1)通过柜架、展示设施等的空间划分，作为视觉引导的手段，引导顾客视线注视商品的重点展示台与陈列处。

(2)通过营业厅地面、顶棚、墙面等各界面的材质、线型、色彩、图案的配置，引导顾客视线。

(3)采用系列照明灯具、不同的光色、光带标志等设施手段引导顾客视线，使之注视相应的商品及展示线路与信息，以吸引顾客并激发顾客的购买意愿。

3. 陈设与展示设计

陈设与展示品的设置应充分表达商业机能，体现展示性、服务性、休闲性和文化性，所以设计要以突出商品的诱导消费为主题。

陈设与展示品应根据商场的经营规模、商品特性、顾客构成及商品的流行趋势等来确定，并与室内设计的总格调相协调。

4. 照明设计

商业空间的照明设计是一个技术性、艺术性和综合性很强的工作。商店照明不仅是让顾客看清楚商品，还应使商品以至整个商店光彩夺目、富于魅力，并突出现代商店的个性。为了使顾客能够驻足浏览商品，必须重点设置橱窗照明。橱窗照度一般应为店内照明的3～5倍。橱窗的强光能够迅速反映出商店经营商品的种类，并突出商品的立体感、光泽感、材料感，以吸引顾客进入商店。在从商场的入口看进去的深处正面应采用明亮的照明，并把深处正面的墙面陈列作为第二橱窗考虑，照度一般为店内的2.5倍。

5. 色彩设计

商业空间色彩设计的目的是为顾客创造一个亲切、和谐、生动、鲜明、舒适及富于个性特色的购物环境。设计中要根据商业环境的经营特色、服务对象与空间用途来确定色彩基调，处理好环境中色彩的明度。

6. 商店空间的界面设计

(1)顶棚设计。商店的顶棚装饰应力求简洁、完整，不宜过于烦琐。顶棚的形式主要采用平滑式。平滑式顶棚构造简单，外观简洁大方，一般是由各种类型的装饰顶板拼接构成，也有由表面喷涂、粉刷或裱糊壁纸等装饰而成。平滑式顶棚的装饰效果主要靠灯光、色彩和质地的有机配合。

(2)地面装饰设计。地面作为陈列物品的背景，起着陪衬与烘托作用；这就要求其色彩、质地和图案应和整个空间的用途大小相协调。

四、办公建筑室内装饰设计

(一)办公空间设计的基本原则

(1)符合工作流程的要求。

(2)突出现代的简洁和高效。

(3)注重自动化与办公环境的整合统一。

(4)体现企业文化。

(5)讲究节能环保。

(6)注意安全性。

(二)办公空间的总体设计要求

(1)室内办公、公共、服务及附属设施等各类用房之间的面积分配比例、房间的大小及数量,均应根据办公楼的使用性质、建筑规模和相应标准来确定。室内布局既应从现实需要出发,又应适当考虑功能、设施等发展变化后进行的调整。

(2)根据企业特征、企业文化,合理选择装饰风格。

(3)办公建筑各类房间所在位置及层次,应将与对外联系较为密切的部分布置在近出入口或近出入口的主通道处。

(4)综合型办公室不同功能的联系与分隔应在平面布局和合层设置时予以考虑。

(5)从安全疏散和有利于通行的角度考虑。

(三)办公室的布置

1. 办公室的尺度

办公空间的尺度包含两方面的意义:一是人体工作所需的尺度及活动范围;二是人的心理所需的领域距离。心理上的领域距离,一般的个人间商谈,如来访者座椅距接待者座椅常在750~1 200 mm距离范围内。而一般工作关系或会议属社交活动,其心理领域距离则较大,如会议桌的尺寸往往与社交距离等同,即在1 200~3 600 mm。

2. 办公空间的家具布置

办公室分为高级办公室和普通办公室,两者在面积标准及布置方式上都有很大不同。高级办公室有大、中、小型之分。

大型办公室设有套间,由接待室、私人会议室和办公室组成。

中型办公室往往将接待座与会议桌结合布置。或是在办公桌前设接待座椅,另设会议桌供小型会议或几个人商谈之用。

小型办公室一般不设会议桌,仅在办公桌前或一侧简设一些接待座椅,供求访者使用。

办公室中,办公桌的布置方式有对面式、同向式、不规则方式三种。

对面式布置:对面式布置方式适用于成组性的或联系密切的工作,但视线及谈话互有干扰，且有不利的采光方向。

同向式布置：同向式布置方式的特点是工作时相互干扰较少，且一般有利于采用较好的采光方向。

不规则布置：不规则布置常用于宽阔的办公室，常以工作中的交往关系为依据来确定相应的工作位置，做不规则布置处理。

(四) 办公空间的采光与照明

办公空间的光源通常分天然采光与人工采光两种，天然采光光源丰富，质量好，宜为人们长期工作生活所习惯。一般来说，办公空间宜以天然采光为主，辅以人工照明。

1. 照度充足

保证足够的照度是办公视觉功能的需要。各国根据工作性质及经济水平规定了所需的照度标准。据分析，一般照度约为工作的 1/3，次要区域照度约为一般照明的 1/3。因此，在办公室空间设计时，应尽可能提供工作点布局的资料，以采用相应的非均匀照明系统。只有在人员很密集的办公空间或是面积小于 5 m^2 的工作单元才采用均匀的照明系统。

2. 照度分布均匀

为保证良好的视觉效果，一定要使照度均匀。办公室空间的顶棚、墙面的照度应不小于 1/15 或不大于 5 倍的工作面照度。

3. 避免产生眩光

当视野内出现过高的亮点和过大的亮度对比时，就会使人感到刺眼，即产生眩光。眩光有直接眩光和反射眩光。直接眩光是由天然光和强烈的人工光直接引起的。反射眩光是视野内顶棚、墙面或工作表面反射而来的高亮度光线或高亮度对比而产生的。为避免产生眩光，可采取以下措施进行控制：

(1) 减少引起眩光的高亮度面积或用漫射透光材料和遮光方法来控制光源。

(2) 避免光源与工作人员的视线在同一个垂直平面内布局。

五、办公空间噪声处理

1. 吸声处理

顶棚、地面和隔断采用吸声材料，可有效吸收噪声。顶棚是房间内最大的连续表面，平整的硬表面顶棚是噪声传播的媒介。顶棚可选用吸声性能好的材料，如毛面粉刷、石膏吸声板、矿棉吸声板、穿孔铝板内填吸声材料等。地面铺地毯也能吸收噪声。隔断吸声对开敞式办公空间有很大作用，常采用在 2.5~3.5 cm 厚的玻璃纤维，外面用多孔吸声材料（如织物等）覆盖的构造方式。

2. 隔声处理

在规划开敞式办公空间时，应将产生噪声的办公机器集中布置，并用隔断分隔，在上部装置吸声罩以保证办公区的安静。同时，工作单元的布置应将开口错开，以避免声音互相干扰。

3. 掩声处理

通常采用一种悦耳且不易引人注意的发声器，可降低办公室的噪声干扰。

本章小结

本章主要介绍了地面装饰设计、墙面装饰设计、顶棚装饰设计、门窗装饰设计、楼梯装饰设计及不同类型的建筑室内装饰设计等内容。建筑室内装饰设计，主要是对建筑内部空间按照一定的设计要求进行二次处理，即对地面、墙面、顶棚的处理，以及分割空间的实体、半实体等内部界面的处理。在条件允许的情况下，也可以对建筑界面本身进行处理。学习室内装饰设计应当与实际工程结合紧密，是设计师的实现设计意图的一个重要步骤。

思考与练习

一、填空题

1. 常用的地面装饰材料有_____、_____和_____三大类。
2. 墙面装饰设计作用有_____、_____和_____。
3. 顶棚装饰设计要求有_____、_____和_____。
4. 铝合金门分为_____、_____、_____、_____几种。
5. 建筑室内楼梯装饰设计应遵循_____、_____、_____、_____和_____原则。

二、选择题

1. 下列说法不正确的是（   ）。
    A. 涂塑墙纸有一定的透气性，表面可以轻擦，有一定的弹性，允许墙面抹灰有一定的弹性
    B. 塑料墙纸为静电植绒的，质感柔软；带有大幅风景画面的，自然而富有层次感
    C. 皮革、人造革的缺点是盖底能力差，基底颜色不均匀时容易粘在木基层上
    D. 丝绒和锦缎施工难度大，不易清洗，而且对室内的湿度、清洁度有较高的要求
2. （   ）常用彩画来装饰，彩画的色调和图案应以空间的整体要求为依据。
    A. 平整式顶棚　　　B. 井格式顶棚　　　C. 悬挂式顶棚　　　D. 分层式顶棚
3. 塑料窗有（   ）%以上是硬质 PVC 窗。
    A. 60　　　　　　　B. 70　　　　　　　C. 80　　　　　　　D. 90

4. 办公室空间的顶棚、墙面的照度最好不小于1/15或不大于（　　）倍的工作面照度。
   A. 5　　　　　　　　B. 6　　　　　　　　C. 7　　　　　　　　D. 8

三、简答题
1. 地面装饰设计应符合哪些要求？
2. 地面图案的类型有哪些？
3. 墙面装饰设计原则有哪些？
4. 顶棚装饰设计作用有哪些？
5. 门窗设计的基本原则有哪些？
6. 建筑室内楼梯装饰设计形式主要有哪几种？
7. 起居室设计的内容包括哪些方面？
8. 商业空间装饰设计原则有哪些？
9. 办公空间的总体设计应符合哪些要求？

第十章　建筑室外装饰设计

学习目标

通过对本章的学习，了解建筑室外装饰设计的任务；熟悉建筑室外装饰设计的内容与原则；掌握建筑造型与装饰设计的内容及室外局部装饰设计的方法；熟悉玻璃幕墙材料的选用与设计要求；了解店面装饰设计的要求。

能力目标

通过对本章的学习，能够进行建筑造型与室外局部装饰设计；能够根据玻璃幕墙设计要求选用材料；具备建筑外部景观设计的能力。

第一节　建筑室外装饰设计概述

一、建筑室外装饰设计的任务

建筑室外装饰设计包括建筑外部设计和建筑外部环境设计，其目标是创造一个优美的建筑外部空间环境。随着生活质量和品位的不断提高，人们对室内外的生活环境乃至城市环境有了较高的要求，因此，建筑的外部装饰设计也变得非常重要。

建筑外部装饰设计就是运用现有的物质技术手段，遵循建筑美学法则，创造优美的建筑外部形象，营造出满足人们生产、生活活动的物质需求和精神需求的建筑外部空间环境。

二、建筑室外装饰设计的内容

建筑外部装饰设计包括建筑外观装饰设计和建筑室外环境设计两部分。

建筑外观装饰设计是为建筑创造良好的外部形象，包括建筑外观造型设计、色彩设计、材质设计、建筑局部及细部设计等。

建筑室外环境设计则是对建筑附属的室外小环境进行创造设计。其设计的主要内容有建筑外部空间的组织设计，建筑外部地面的铺地设计，建筑外部灯光、灯具的设计，建筑外部广告、标志的设计，建筑外部绿化的设计，建筑外部雕塑、外景、小品的设计，建筑外部公共设施的设计。

三、建筑室外装饰设计的原则

1. 与建筑环境的协调统一

建筑室外装饰设计属于环境设计的一部分。从环境的角度来看，建筑与其相关的室外空间所构成的环境只是一个小环境，而这个小环境处于某个特定的环境内，可以将这个特定的环境称为"大环境"。因此，在设计前，必须对这个"大环境"的特征、气氛及相关要求做相应的了解，以免在设计中出现"大""小"环境间的冲突和不协调。建筑装饰设计、造型设计要满足规划要求，并充分考虑地区特色、历史文脉等方面的要求，取得与原有建筑、室外环境的协调一致。

2. 整体意识

任何建筑都不是孤立存在的，必须与其他建筑、各种室外设施构筑形成建筑外部小环境，多个建筑小环境形成街道，若干条街道的组合形成社区，社区相连形成城市。由此可见，建筑及其外部小环境是街道环境、社区环境、城市环境乃至自然环境的有机组成部分。

因此，建筑室外装饰设计要对建筑环境的意境有统一的设想，即要对建筑环境的性格、气氛、情调做概念上的思考，然后以建筑语言的形式表达出来。

3. 能够体现建筑的风格

建筑是为满足人们的生产需要而创造的物质空间环境，不同的建筑有着不同的外观特征。因此，在建筑外部装饰处理上应根据不同的建筑做不同的处理。若将商业建筑外部的富丽、醒目用于居住建筑上，则大大破坏了居住的安宁气氛。可见，并非投资大、用材高档便一定能获得好的效果，而应把握该建筑的性格特征，做到恰如其分。

4. 反映建筑物质技术

建筑体型和设计受到物质技术条件的制约，建筑装饰设计要充分利用建筑结构、材料的特性，使之成为装饰设计的重要内容。现代新结构、新材料和新技术的发展，为建筑外形及装饰设计提供了更大的灵活性和多样性，可以创造出更为丰富的建筑外观形象。

5. 时代感与历史文脉并重

建筑装饰与人们的物质、文化生活联系尤为密切，任何建筑装饰设计总会烙有时代的印记。因此，在建筑外部装饰设计时，应充分运用新知识、新理念、新材料和新技术来创造新颖独特的建筑形象及外部环境，以满足人们不断发展的生活需求和审美要求，更好地体现时代的特征。

第二节　建筑造型与装饰设计

一、室外装饰设计与环境

(一)新旧建筑装饰的协调

处理好新建筑与周围的旧建筑关系的方法有以下几种：

(1)对比法。所谓对比法，即无论邻里建筑的建造年代和形式怎样，新建筑都按现时的建筑形式和建筑装饰设计，无须考虑邻里环境。这种观点认为建筑本身反映了相应的社会历史，是一部石头写成的史书，因此，新建筑的装饰与造型必须反映新的时代精神和时代风貌。

(2)协调法。协调法是指要在两幢不同时期的建筑物之间创造出一种连贯的、和谐的视觉关系。这种关系就像色彩中的互补关系，即各自都有对方的色彩要素，新的建筑中带有历史的文脉，而文脉的延续并非复古和相似的关系。将不同时期的建筑在同一环境中相互协调，通常的做法是以保持视觉上的和谐为原则，加强建筑的细部联系，这些细部包括入口、门窗、天花、栏杆、墙面材料、相似的高度、体量等，这些都能协调新旧建筑之间的关系。

(3)过渡法。过渡处理对协调环境、美化环境同样起着重要的作用。过渡的目的就是避免新旧建筑之间过于强烈的对比和格格不入，过渡的形式也被称为连接形式。连接形式有两种，一种是后退的方法，另一种是采用轻巧的钢和玻璃的连接体，这种透明、光洁的连接体与许多不同的建筑文脉相协调，这是由于它的光洁和轻巧感与石质粗糙的沉重感巧妙地形成了对比。

(二)建筑装饰与绿化环境

1. 建筑与环境的统一和建筑与自然环境的结合

建筑与环境的统一，不仅体现在建筑物的体形组合和立面处理上，还体现在建筑与环境的有机结合上。建筑对于自然环境的结合利用，不仅限于邻近建筑物四周的地形、地貌，还可以扩大到较远的范围。有少数建筑对于自然环境的利用，不仅限于视觉，还可扩大到听觉、嗅觉。例如在某些特定建筑环境中，不仅能见到青山绿水，还能听到风、涛、泉水声，感受到鸟语花香。

2. 环境绿化与构图的关系

对于现代建筑而言，简洁的几何形体(如无绿化等的配置)会显得呆板和生硬。因此，在建筑设计时，必须考虑绿化和水体等环境因素的配置。

3. 绿化对建筑景观的影响

在建筑环境中，绿化对建筑景观的影响很大，它既能美化环境，对建筑的不足之处起到遮瑕的作用，又能给建筑带来无限的生机和活力。

4. 绿化配置对建筑环境的影响

不同绿化配置会对建筑环境产生不同的艺术效果。一般配置的方法有高大建筑与低矮树木的对比配置、低矮建筑与高大树木的对比配置、高大建筑与高大树木的协调配置、低矮建筑与低矮植物的协调配置等四种形式。

(三)外墙装饰色彩的选择与环境关系

建筑环境对建筑色彩的选择影响较大，要使建筑在特定的环境中具有良好的色彩效果，就必须了解和分析建筑基地的各种环境因素，如背景环境是依山傍水、辽阔农田还是住宅、城市街区等。在进行建筑色彩选择时，要把建筑作为环境中的一个要素来考虑，才能取得好的效果。

二、建筑立面装饰设计

(一)建筑外立面形式

(1)分段式。分段式是指建筑外立面在垂直方向的划分。一般在建筑中多采用三段式划分，即屋基、屋身及屋顶，这主要由建筑的性质决定。一般作为商业建筑的屋基较空透，其主要用作商店的广告宣传。屋身在整个造型中所占比例较大，往往采用水平、垂直及网格的划分，水平方向划分使建筑造型显得轻快、平静；垂直划分则造成高耸、挺拔的效果；网格划分则有图案感。檐口部分作为整体的结束部分通常与屋身采用对比的处理手法。

将商业建筑三段式处理能较自然地反映建筑内部的空间使用性质，所以长期以来一直被广泛采用，但也应避免采用千篇一律的划分方式，随着新材料的不断涌现和设计构图艺术的提高，立面处理的三段式布置也应不断更新和拓展。

(2)整片式。整片式构图是一种较为简洁的处理方式，富有现代感，具体可分为两种形式，一种是封闭型，另一种是开放型。封闭型立面采用大片实墙面，刻意创造一种不受任何外界干扰的室内环境，并利用大片实墙面，布置新奇的广告标志以吸引顾客。开放型则是为了创造一种室内外空间相互融合、相互渗透的环境氛围，以增强室内外空间的联系，丰富空间层次。开放型的墙面大多采用大片玻璃，常用的有普通隔热玻璃、镜面玻璃幕墙等。采用玻璃幕墙在白天、晚上有两种不同的效果，白天玻璃幕墙可反映周围环境的热闹景象，而晚上灯火辉煌的室内空间，可将五彩缤纷的室内商品及熙熙攘攘的购物人流展现在行人面前，产生引人入店的魅力，以激起人们的购物欲望。

(3)网格式。网格式构图能充分表现建筑结构的特点，现代建筑越来越多地采用框架结构，在建筑立面处理时，根据框架的布置和功能使用要求，可采用网格的划分方式。然而，由于网格的立面形式较平淡，建筑师往往通过改变窗间墙的比例，如在转角处将玻璃的尺度加大、变化，赋予原有钢筋混凝土结构建筑以现代的、富有变化的外观形式。

(二)建筑外立面装饰色彩设计

1. 对外立面色调的控制

建筑外立面的色调及其对比不宜过于强烈，且色彩的饱和度不宜过高。外墙色彩是构成建筑环境的重要条件和视觉因素，色彩的选择不仅应考虑建筑物的风格、体量和尺度，也应为多数人所接受。

2. 外立面的色彩选择

建筑是人们生活环境的一个组成因素，大部分建筑立面材料的颜色不易再改变；因此，建筑外立面的色彩必须为多数人所喜爱和接受。宜以一个颜色为主且为复合色，其他颜色处于从属地位。最忌多种颜色相间或交织使用，造成整个建筑外立面画面烦琐、庸俗和杂乱。在选室外墙色彩时，要选择比预期的颜色稍深、稍艳一些为宜。

(三)建筑外立面质感设计

建筑外立面的质感主要取决于所用的材料及装饰方法。

不同材料的质感不同，如铝板、塑铝板与玻璃幕墙就显得光滑细腻，而毛石、烧毛花岗岩与喷砂面、混凝土等就显得粗犷和富有力度感。饰面质感设计中不能只看所选材料本身的装饰效果，而要结合具体建筑物的体型、体量、立面风格进行考虑。

建筑外立面装饰设计往往对立面不同部位采用不同的饰面做法，以求得质感上的对比与衬托，较好地体现立面风格或强调某些立面的处理意图。

第三节　室外局部装饰设计

一、入口装饰设计

入口是建筑中人流的主要通道，是建筑中与人关系最为密切的部位，是室内外空间的转换点，同时也是整个建筑构图的重点部位。当人们欣赏建筑时，往往特别注意入口建筑与整体的比例、位置是否合理、协调；当人们进入建筑时，入口往往给人们留下了对建筑的第一印象。入口是建筑内部空间序列的序曲，无论从建筑的使用功能还是从建筑造型要素来看，入口对于每一幢建筑都是极其重要的部分。因此，如何设法突出建筑入口，是建筑师要精心考虑的问题。

入口的装饰设计处理手法有以下几种。

1. 升高入口

通过入口与地面的高度差、地面与入口的梯步过渡处理入口，使升高的入口在视觉上更加明显，让人一目了然，通常与一组台阶相结合。在大型公共建筑中，为了便于疏散，台阶常常做得较宽大。这时，上升的台阶具有一定的导向性，这些都进一步强化了入口。对称构图的升高处理还能增强建筑的雄伟、庄重的气氛。

2. 夸张入口

夸张入口是指通过对入口的夸张处理，强调入口在建筑中的位置，如用两层或三层的高度来强化建筑入口，这种夸张入口往往也成为该建筑构图的中心。

3. 凸出、凹进入口

将入口部分做凸出或凹进处理，也是处理入口的常用方法。凸出处理可造成建筑物的实体外突，取得醒目的效果。入口的凸出处理常表现为与入口相关的建筑形体的突出、入口上部外挑的处理和入口前廊道处理等三种方式。凹进的入口方式则较含蓄，它是通过入口的退让产生一种容纳和欢迎的暗示。凹进的入口常通过柱、花坛、台阶的配合以加强引导性。

4. 非矩形入口

非矩形入口是通过入口及与入口相关部分几何形体的变化来强化入口的处理方法。常用的几何形状有三角形、圆拱形等。这种处理手法应注意入口与建筑整体构图的协调。

二、阳台装饰设计

阳台设计首先是满足使用功能，在此前提下考虑其装饰功能。必须处理好阳台与建筑主体的呼应关系，如比例、造型、质感关系等，阳台在设计上与主体建筑的关系有凹阳台、凸阳台和半凹半凸阳台。阳台的造型复杂多变，有镂空的、实体的、纤细的、古典的等。

办公楼、宾馆、招待所阳台设计的重点在于装饰与美化建筑，在炎热地区亦能起到遮阳的作用。这些阳台设计，不像居住建筑中的阳台有着较强的固定模式，其可随建筑外观的要求灵活布置，对造型及美观的要求显得更为重要。在阳台形式上可分为曲线型、直线型、转角型、折线型和实体式、透空式、半实半空式等。

三、柱墙面装饰设计

1. 材料与质感

在墙面装饰设计中，光洁材料常被用于建筑上部，粗糙材料常被用于建筑下部，以加强其稳定性。从视觉上，材料的粗糙感只有在人与墙面较近时才能感受到，这也正是粗糙材料常被用于底层的原因。此外，粗质材料常被用于体量较大的建筑上，以加强其高大和雄壮的效果；若其被用于小尺度建筑上，则可能在视觉上造成混乱。墙面装饰材料质感的对比能加强其装饰效果，材料的粗糙和光洁是相对的。

2. 色彩

在外墙饰面的色彩处理上，应注意以下问题：

(1) 确保与周围环境颜色的协调统一。

(2) 建筑外墙色彩基调的确定，要注意与周围环境色的关系，应使基调色彩与环境色相协调。

(3) 大片墙面的用色不宜采用纯度高的颜色，即整个外墙的色彩宜清新、淡雅些，重点色可用在小面积的墙、柱面上，这样才能保持总体的色彩效果。此外，外墙用色宜少不宜多，且应以其中一种为主，其他的作为配角。

（4）建筑用色常以同一色彩的明暗变化或以某个灰白色调为主进行处理，这样可以获得较为协调的色彩关系；不同的色彩，特别是对比色的应用必须慎重，在设计中应多推敲，多做色调方案比较，以获得良好的色彩效果。

3. 分格线

分格线是从装饰效果出发，结合墙面施工缝线对墙面进行的划分处理。分格线在外墙上以凹进或不同的色彩加以强调，可根据外墙构图的需要做水平线、垂直线、方格网、矩形网格和其他几何形状的分格。分格的大小应与建筑的体量、尺度相称，对于格缝的宽度应满足人的视觉习惯。

第四节 店面装饰设计

一、店面装饰设计原则

现代店面设计包括商场建筑物整体形象，主入口立面、招牌、橱窗，店外空间与景观设施等的设计，是商店整体外部形象的设计。追求店面的开敞与通透，通过格调鲜明的店面与外部环境设计，准确表达商店的经营理念与特色，是设计师所追求的目标。

（1）构图完整、统一。店面的设计构图包括店面自身构图、细部构图与周围建筑（包括上部的主体建筑）的构图几个方面，应坚持功能适用、技术先进、经济合理、造型美观、环境适宜等原则。

（2）突出重点、醒目。店面的装饰应在与周围建筑的形式和风格相统一协调的前提下，追求个性化的设计。针对不同的商业空间环境，巧妙地运用设计手法，创造丰富多彩、新颖独特的外观形象。

（3）反映商业建筑的特征，构思新颖，富有魅力和时代感，充分吸收文化传统和地域习俗特色。充分运用橱窗、招牌、店徽、标志、灯箱、海报、影像等商业化的装饰手段，凸显其商业特征，使其具有强烈的识别性、导向性和诱导性。

（4）加强识别性、招徕性。店面的识别性是店面具有让人直观地了解其经营内容和性质的一种形象特征；招徕性是指吸引招徕顾客的特征。这两种功能是商业店面装饰应具有的，因而在设计中应予以强化。识别性可通过店面的造型特征、店徽、橱窗、标志物等形成。招徕性则可通过视线、路线、空间三方面的处理来获得。例如，连锁快餐麦当劳就是以其明显的标志物获得了识别性和招徕性的双重功效，成为这方面成功的代表。

二、店面装饰设计要求

（1）与周围的环境气氛相协调。商店所处位置是商业区还是居住区，是大城市还是小城镇，是位于江苏还是西藏，这些不同的环境各具特征，因而在店面装饰设计时，其入口、橱窗、匾牌、店徽以及广告、标志物等应与周围环境相协调，且位置、大小安排要得当，尺度相宜，有明显的识别性和导向性。

(2)入口与橱窗是店面设计的重点部位，其位置、大小及布置方式要根据商店的平面形式、地段位置、店面宽度等具体条件来确定。

(3)反映商业建筑的特征。反映商业建筑的特征是建筑设计中达到形式与功能统一的要求，也是提高商业建筑可识别性的根本。

三、店面装饰设计要点

1. 造型设计构思

造型设计的具体思路有以下几方面。
(1)根据经营内容构思；
(2)利用建筑风格构思；
(3)根据隐语和象征构思；
(4)统一形象的构思；
(5)利用几何形体和构图原则的构思；
(6)大胆新奇的构思。

2. 材料选择

适用于店面装饰的材料种类繁多，目前常用的材料包括各类陶瓷面砖、各种石材、铝合金或塑铝复合面材、玻璃制品，以及一些具有耐久、防火性能的新型高分子合成材料或复合材料等。在装饰设计中应正确地运用材料的质感、纹理和自然色彩。同时，还应考虑其材质具有一定的坚固耐性，能够抵御风雨侵袭并具有一定的抗暴晒、抗冰冻及抗腐蚀能力。

3. 照明设计

照明设计主要分为立面照明与橱窗照明两种。

(1)立面照明的目的不仅是使人们在夜间能看清店面，而且在容易识别的基础上引导人们购物和欣赏。立面照明是一种艺术照明，其灯光、照度应考虑商品的识别性、立面的整体性(灯箱、霓虹灯等)和艺术性。

(2)为了使商品特点更加突出，可进行橱窗照明。为保证观赏者能清晰地看到橱窗里的陈列品，橱窗应采用一般照明与重点照明相结合，并避免产生眩光。

四、装饰构配件与店面装饰设计

1. 招牌与广告

在现代商业中，商业广告对经营的作用越来越大，其在店面设计中也已成为必不可少的组成部分。招牌与广告应具有醒目和愉悦的视觉效果，力求色彩鲜艳、造型精美、选材精致、加工细腻、经久耐用。

现代的招牌形式多样，按固定方式可分为悬挂式、支架式、贴附式三种。

(1) 悬挂式。将招牌和广告直接悬挂于商店外墙面或其他构件上。悬挂式招牌形式新颖活泼，较能引起人们注意，但店牌、广告的尺寸受到一定限制。

(2) 支架式。将招牌或广告的字体图案(或连同底板)直接固定在外墙、雨篷或建筑物的檐部上端，在尺寸上不受限制，并常结合发光方式，白天或黑夜都能获得较强的效果，丰富了店面和城市景观。

(3) 贴附式。指将店牌或广告牌直接附贴在墙面或玻璃上的方式，具有经济、灵活的特点。

2. 店徽、标志

店徽是商店标志，通常可以采用中文、外文、拼音、图案等方式，与入口、橱窗一起构成商店的识别性特征，为主动购物者在选择上提供方便，激发被动购物者的购物欲望。

3. 灯箱与霓虹灯

灯箱广告是利用荧光灯或白炽灯光，由箱体内向外照明，灯箱的正面可以是玻璃，前面可用放大的广告照片或大型彩色胶片贴布，也可以直接用有机玻璃等材料，使箱面上的广告画面具有强烈的光线色彩效果。灯箱广告具有制作简单方便、价格低廉、效果好、更换容易等特点。灯箱可用于店面装饰，也可作为商店店堂装饰之用。其主要形式有灯箱招牌、橱窗灯箱、立柱灯箱、货架灯箱、指示灯箱和壁式灯箱等。

霓虹灯广告是商店装饰的重要手段，有较强的渲染效果，利用霓虹灯管艳丽鲜明的线条，可构成漫画、图案、文字、拼音字母或外文字母等，还可根据需要灵活交替变换发光，这是极受商店欢迎的广告装饰手段，其具有设置灵活方便、效果理想等特点，可用于店面、店内、橱窗、货架、天花板以及墙壁等各种场合。

第五节 玻璃幕墙设计

一、玻璃幕墙主要材料的选用

1. 钢材

在玻璃幕墙设计中，钢材的选用应符合以下规定：

(1) 玻璃幕墙采用的不锈钢宜采用奥氏体不锈钢，不锈钢的技术要求应符合现行国家标准的规定。

(2) 当幕墙高度超过 40 m 时，钢构件宜采用高耐候结构钢，并应在其表面涂刷防腐涂料。

(3) 钢构件采用冷弯薄壁型钢时，除应符合现行国家标准《冷弯薄壁型钢结构技术规范》(GB 50018—2002)的有关规定外，其壁厚不得小于 3.5 mm，承载力应进行验算，表面处理应符合现行国家标准《钢结构工程施工质量验收规范》(GB 50205—2001)的有关规定。

(4)玻璃幕墙采用的标准五金件应符合铝合金门窗标准件现行国家行业标准的规定。

(5)玻璃幕墙采用的非标准五金件应符合设计要求,并应有出厂合格证。同时应符合现行国家标准《紧固件机械性能 不锈钢螺栓、螺钉和螺柱》(GB/T 3098.6—2000)和《紧固件机械性能 不锈钢螺母》(GB/T 3098.15—2000)的规定。

2. 铝合金型材

在玻璃幕墙设计中,铝合金型材的选用应符合以下规定:

(1)材料进场应提供型材产品合格证、型材力学性能检验报告(进口型材应有国家商检部门的商检证),资料不全均不能进场使用。

(2)检查铝合金型材外观质量,材料表面应清洁,色泽应均匀,不应有皱纹、裂纹、起皮、腐蚀斑点、气泡、电灼伤、流痕、发黏以及膜(涂)层脱落等缺陷存在,否则应予以修补,达到要求后方可使用。

(3)型材作为受力杆件时,其型材壁厚应根据使用条件,通过计算选定,门窗受力杆件型材的最小实测壁厚应≥1.2 mm,幕墙用受力杆件型材的最小实测壁厚应≥3.0 mm。一个铝合金型材的表面质量应符合表10-1的规定。

表10-1 铝合金型材的表面质量

项次	项目	质量要求	检验方法
1	明显划伤和长度>100 mm的轻微划伤	不允许	观察
2	长度≤100 mm的轻微划伤	≤2条	用钢尺检查
3	擦伤总面积	≤500 mm²	用钢尺检查

(4)按照设计图纸,检查型材尺寸是否符合设计要求。铝合金壁厚应采用分辨率为0.05 mm的游标卡尺测量,应在杆件同一截面的不同部位量测,不少于5个,并取最小值。氧化膜厚度按设计要求为AA15级,铝合金型材膜厚应符合表10-2的规定,型材角度允许偏差应符合表10-3的规定。

表10-2 铝合金型材膜厚   μm

类别	最小平均	最小局部	测量工具
阳极氧化膜厚	不应小于15	≥12	膜厚检测仪
粉末静电喷涂涂层厚度	不应小于60	≥40且≤120	同上
电泳涂漆复合膜厚	不应小于21	—	同上
氟碳喷涂层厚	不应小于30	≥25	同上

注:局部膜厚——在型材装饰面上某个面积不大于1 cm²的考察面内做若干次(不少于3次)膜厚测量所得的测量值的平均值。

平均膜厚——在型材装饰面上测量出的若干次(不少于5次)局部膜厚的平均值。

表 10-3　型材角度允许偏差　　　　　　　　　　　　　　　　(°)

级别	允许偏差	级别	允许偏差
普精级	±2	超高精级	±0.5
高精级	±1		

注：当允许偏差要求(+)或(−)时，其偏差由供需双方协商确定。

(5)型材长度小于或等于 6 m 时，允许偏差为 +15 mm；型材长度大于 6 m 时，允许偏差由双方协商确定。材料现场的检验，应将同一厂家生产的同一型号、规格、批号的材料作为一个验收批，每批应随机抽取 3% 且不得少于 5 件。

3. 玻璃

在玻璃幕墙装饰设计中，玻璃的选用应符合以下要求：

(1)幕墙玻璃的外观质量和性能应符合国家现行标准及行业标准的规定。

(2)玻璃幕墙采用阳光控制镀膜玻璃时，离线法生产的镀膜玻璃应采用真空磁控溅射法生产工艺；在线法生产的镀膜玻璃应采用热喷涂法生产工艺。

(3)玻璃幕墙采用中空玻璃时，除应符合现行国家标准《中空玻璃》(GB/T 11944—2012)的有关规定外，还应符合下列规定：

①中空玻璃气体层厚度不应小于 9 mm。

②中空玻璃应采用双道密封。一道密封应采用丁基热熔密封胶。隐框、半隐框及点支承玻璃幕墙用中空玻璃的二道密封应采用硅酮结构密封胶；明框玻璃幕墙用中空玻璃的二道密封宜采用聚硫类中空玻璃密封胶，也可采用硅酮密封胶。二道密封应采用专用打胶机进行混合、打胶。

③中空玻璃的间隔铝框可采用连续折弯型或插角型，不得使用热熔型间隔胶条。间隔铝框中的干燥剂宜采用专用设备装填。

④中空玻璃加工过程应采取措施，消除玻璃表面可能产生的凹凸现象。

(4)热反射镀膜玻璃的外观质量应符合下列要求：

①热反射镀膜玻璃尺寸的允许偏差应符合表 10-4 的规定。

表 10-4　热反射镀膜玻璃尺寸的允许偏差　　　　　　　　　　　　　　mm

玻璃厚度	玻璃尺寸及允许偏差	
	≤2 000×2 000	≥2 400×3 300
4、5、6	±3	±4
8、10、12	±4	±5

②热反射镀膜玻璃的光学性能应符合设计要求。

(5)幕墙玻璃应进行机械磨边处理，磨轮的目数应在180目以上。点支承幕墙玻璃的孔、板边缘均应进行磨边和倒棱，磨边宜细磨，倒棱宽度不宜小于1 mm。

(6)钢化玻璃应经过二次热处理。

(7)玻璃幕墙采用夹层玻璃时，应采用干法加工合成，其夹片宜采用聚乙烯醇缩丁醛(PVB)胶片；夹层玻璃合片时，应严格控制湿度和温度。

(8)玻璃幕墙采用单片低隔射镀膜玻璃时，应使用在线热喷涂低辐射镀膜玻璃；离线镀膜的低辐射镀膜玻璃宜加工成中空玻璃使用，且镀膜面应朝向中空气体层。

(9)有防火要求的幕墙玻璃，应根据防火等级要求，采用单片防火玻璃或其制品。

(10)玻璃幕墙的采光用彩釉玻璃，釉料宜采用丝网印刷。

4. 结构胶和密封胶

幕墙使用的密封胶主要有结构密封胶、耐候密封胶、中空玻璃二道密封胶和管道防火密封胶。结构密封胶无论是双组分还是单组分，都必须采用中性硅酮结构密封胶，其性能必须符合《建筑用硅酮结构密封胶》(GB 16776—2005)的规定。耐候密封胶必须是中性单组分胶，酸碱性胶不能使用。

材料进场时，应提供结构硅酮胶剥离试验记录，每批硅酮结构胶的质量保证书及产品合格证，硅酮结构胶、密封胶与实际工程用基材的相容性报告(进口硅酮结构胶应有国家商检部门的商检证)，密封材料及衬垫材料的产品合格证，资料不全不能进场使用。

将进场密封胶的厂家、型号、规格与材料报验单对照，检查胶桶上的有效日期能否保证施工期内使用完；结构胶与耐候胶严禁换用。

5. 低发泡间隔双面胶带

在玻璃幕墙装饰设计中，低发泡间隔双面胶带的选用应符合以下要求：

(1)当玻璃幕墙风荷载＞1.8 kN/m² 时，宜选用中等硬度的聚胶基甲酸乙酯低发泡间隔双面胶带。

(2)当玻璃幕墙风荷载≤1.8 kN/m² 时，宜选用聚乙烯低发泡间隔双面胶带。

二、玻璃幕墙的设计要求

玻璃幕墙虽然是一种现代的建筑墙体装饰方法，但同时承担着墙体的功能，所以，玻璃幕墙的设计不能仅仅从装饰作用的角度来考虑，还必须考虑其作为建筑的墙体所应满足的功能要求。

一般幕墙设计应满足以下要求：

(1)幕墙具有抵抗风压的作用，设计时应注意不同地区风压值的区别，如内地与沿海风压大不相同，有关风压确定值可参考建筑结构设计规范。

(2)结构误差在允许范围内。幕墙连接的主体结构(如埋设铁件的楼板)的标高、水平、垂直偏差及平整度应按结构要求处理，但不得超过25 mm，且不能累积。

(3)温度应变要求。幕墙设计和安装应考虑温度伸缩变形措施,条件包括吸收阳光热量、季节温差范围(-15 ℃~40 ℃)以及日温差(10 ℃~27 ℃)。

(4)符合气密性与水密封性要求。在静压差为 1 kg/m^2(9.8 Pa)的条件下,透气量不应超过 $2 \text{ m}^3/(\text{h} \cdot \text{m}^2)$;用喷水器在最大动力压力为 75 kg/m^2(约 750 Pa,周期 2 s)时,以 $4 \text{ L}/(\text{min} \cdot \text{m}^2)$喷洒 10 min,不应发生透水现象。

(5)符合耐火极限要求。楼板与幕墙间的上下间隙应用耐火材料完全封死,窗下墙与楼板间的接头也应用耐火材料保护,耐火期应达到 1 h。

(6)符合抗震性能要求。在楼层变为 $H/200$ 时,要求幕墙不损坏或坠落。

(7)噪声处理要求。应采取适当处理,以防止因金属构件温度膨胀和收缩以及建筑结构变形而产生的开裂噪声。

第六节 建筑室外景观设计

一、建筑室外空间绿化设计

(一)绿化的功能

绿化的功能主要体现在心理功能、生态功能、物理功能三方面。

(1)心理功能。绿色是青春活力的象征,能使人心情舒畅,它能调节人的神经系统,使紧张疲劳得到缓和并消除。

(2)生态功能。绿化植物能创造出极其有益的生态环境。绿化植物能制造新鲜氧气、净化空气,还可以调节温度、湿度。

(3)物理功能。物理功能主要为划分空间,遮阳隔热,防御风袭,隔声减噪。

(二)绿化的设计形式

绿化布置应考虑建筑外部环境总体布局的要求,如建筑的功能特点、地区气候、土壤条件等因素,选择适应性强、既美观又经济的树种;绿化布置还应考虑季节变化、空间构图等因素,选择适当的树种和布置方式,来弥补建筑群布局或环境条件中的缺陷。

(1)规则式。小游园中的道路、绿地均以规整的几何图形布置,树木、花卉也呈图案或成行成排有规律的组合,多使用植篱、整形树、模纹景观及整形草坪等。花卉布置以图案式为主,花坛多为几何形,或组成大规模的花坛群。草坪平整面具有直线或几何曲线形边缘等。规则式常有明显的对称轴线或对称中心,树木形态一致,或人工整形,花卉布置多采用规则图案。

(2)自然式。游园中的道路曲折迂回,绿地形状各异,树木花卉为无规则组合的布置形式。树木种植无固定的株行距,形态大小不一,充分发挥树木自然生长的姿态,不求人工造型。植物种类丰富多样，应充分考虑植物的生态习性，以自然界植物生态群落为蓝本，创造生动活泼、清幽典雅的自然植被景观，如自然式丛林、疏林草地、自然式花境等。

(3)混合式。混合式是规则式与自然式相结合的形式，通常指群体植物景观(群落景观)。混合式植物造景吸取了规则式和自然式的优点，既有整洁清新、色彩明快的整体效果，又有丰富多彩、变化无穷的自然景色，既具自然美，又具人工美。

(三)绿化植物的表现方法

1. 乔木

(1)乔木的平面表现。乔木的平面表现可先以树干位置为圆心，以树冠平均半径作出圆，再加以表现，其表现手法非常多，表现风格变化很大。常见的表现形式如图 10-1 所示。

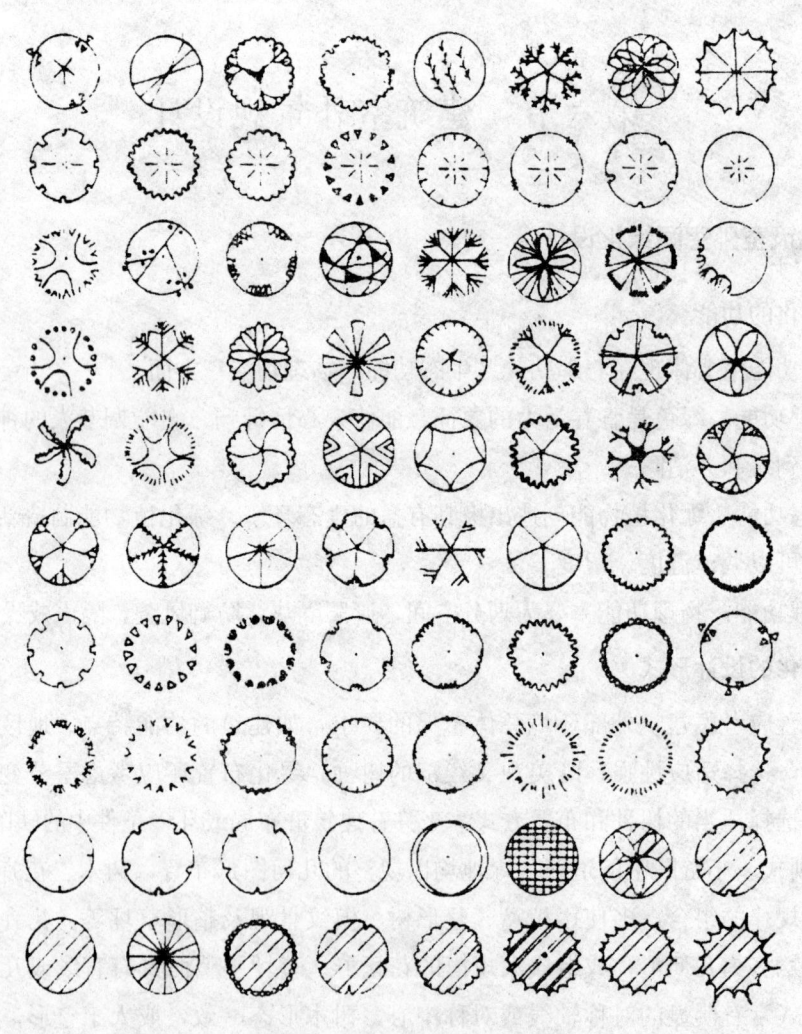

图 10-1　乔木的平面表现形式

根据不同的表现手法，可将树木的平面划分为四种类型。

①轮廓型。在表现轮廓型时，树木平面只用线条勾勒出轮廓即可，且线条可粗可细，轮廓可光滑，也可带有缺口或尖突，如图10-2所示。

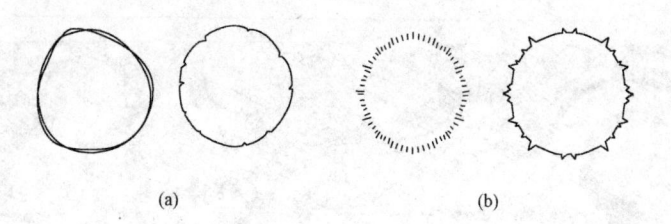

图 10-2　轮廓型

(a)阔叶树；(b)针叶树

②分枝型。在表现分枝型时，树木平面中只用线条的组合表示树枝或枝干的分杈，如图10-3所示。

③枝叶型。在表现枝叶型时，树木平面中既表示分枝又表示冠叶，树冠可用轮廓表示，也可用质感表示。这种类型可以看作其他几种类型的组合，其表现形式常用于孤赏树、重点保护树等的表现，如图10-4所示。

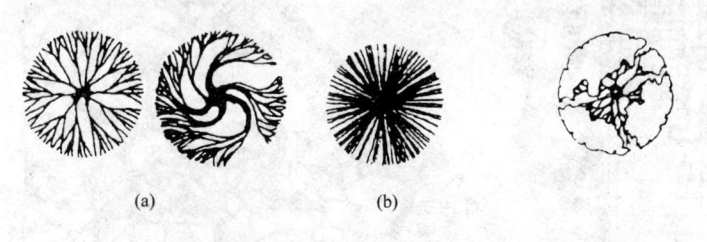

图 10-3　分枝型　　　　**图 10-4　枝叶型**

(a)阔叶树；(b)针叶树

④质感型。在表现质感型时，树木平面中只用线条的组合或排列表现树冠的质感，如图10-5所示。

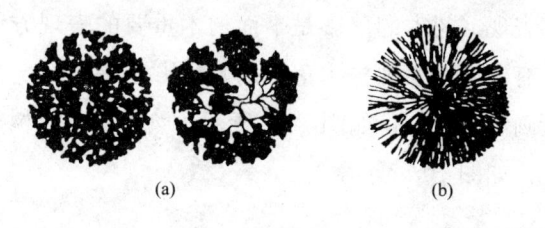

图 10-5　质感型

(a)阔叶树；(b)针叶树

此外，在树木的平面表现中应注意以下问题：

①平面图中树冠的避让。在设计图中，当树冠下有花台、花坛、花境或水面、石块和竹丛，如图10-6(a)、(b)所示等较低矮的设计内容时，树木平面也不应过于复杂，要注意避让，不要挡住下面的内容。若只是为了表现整个树木群体的平面布置，则可以不考虑树

冠的避让，应以强调树冠平面为主，如图 10-6(c)所示。

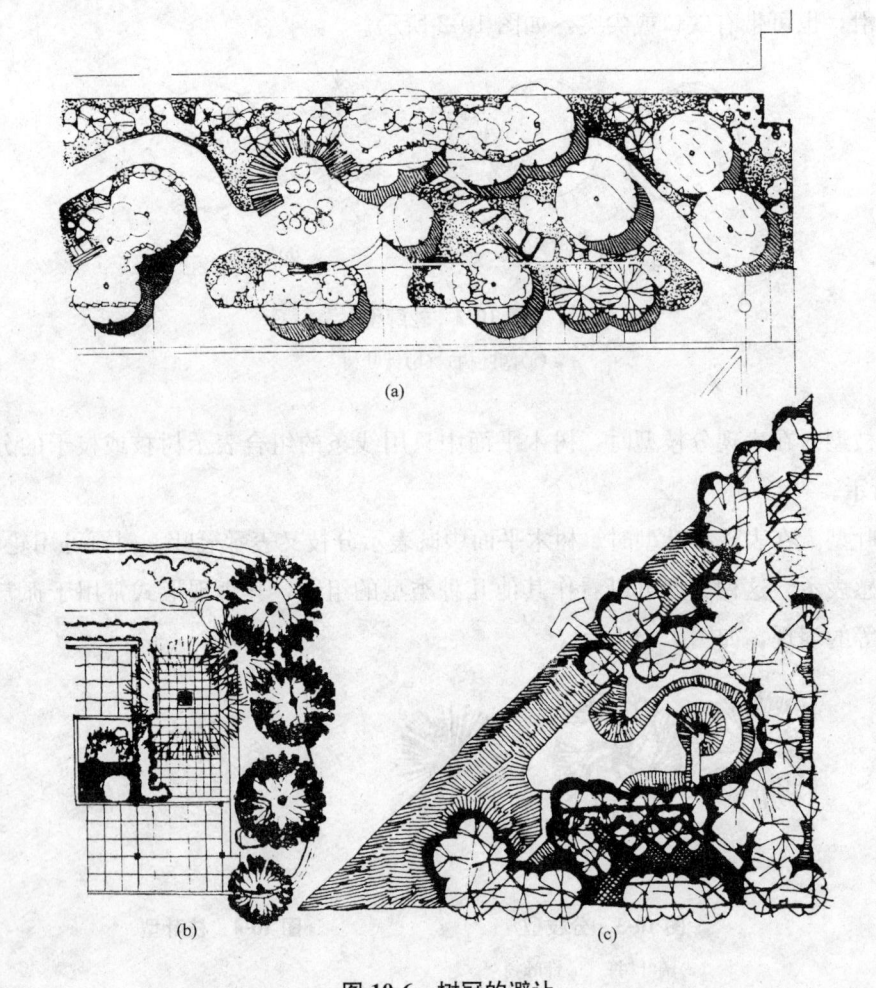

图 10-6　树冠的避让

(a)树冠避让实例；(b)乔木下的内容表现；(c)树冠的避让

②平面图中落影的表现。树木的落影是平面树木重要的表现方法，可以增加图面的对比效果，使图面明快、有生气。表现树木落影的具体方法是先选定平面光线的方向，定出落影量，以等圆作树冠圆和落影圆，如图 10-7 所示；然后对比出树冠下的落影，将其余的落影涂黑，并加以表现，如图 10-8 所示。

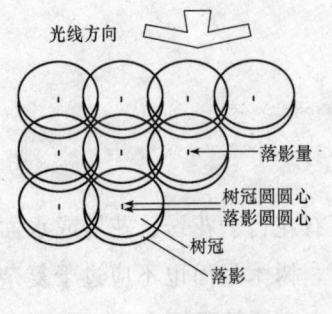

图 10-7　等圆的覆叠　　　　**图 10-8　对比落影**

(2)乔木的立面表现。在园林设计图中,树木的立面画法要比平面画法复杂。从直观上看,一张摄影照片中的树和自然树的不同在于树木在照片上的轮廓型是清晰可见的,而树木的细节已经含混不清。这就是说,视觉在感受树木立面时最重要的是关注其轮廓。所以,立面图的画法要高度概括、省略细节、强调轮廓。

树木的立面表现方法也可分为轮廓、分枝和质感等几大类型,但有时并不十分严格。树木的立面表现形式有写实的,也有的图案化或稍加变形,其风格应与树木平面和整个图画相一致。图案化的立面表现是比较理想的设计表现形式。树木立面图中的枝干、冠叶等的具体画法参考效果表现部分中树木的画法。图10-9所示是园林植物立面画法,供作图时参考。

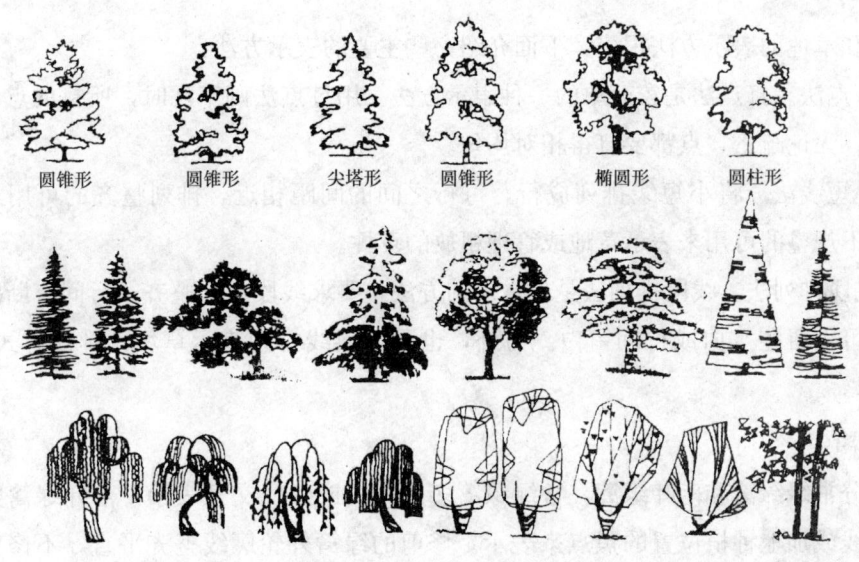

圆锥形　　圆锥形　　尖塔形　　圆锥形　　椭圆形　　圆柱形

图10-9　园林植物立面画法

(3)乔木的效果表现。树木的效果表现形式有写实的、图案式和抽象变形的三种形式。

①写实的表现形式。写实的表现形式较尊重树木的自然形态和枝干结构,冠、叶的质感刻画得也较细致,显得较逼真,如图10-10(a)所示。

②图案式的表现形式。图案式的表现形式是对树木的某些特征(如树形、分枝等)加以概括,以突出图案的效果,如图10-10(b)所示。

③抽象变形的表现形式。抽象变形的表现形式虽然也较程序化,但它加进

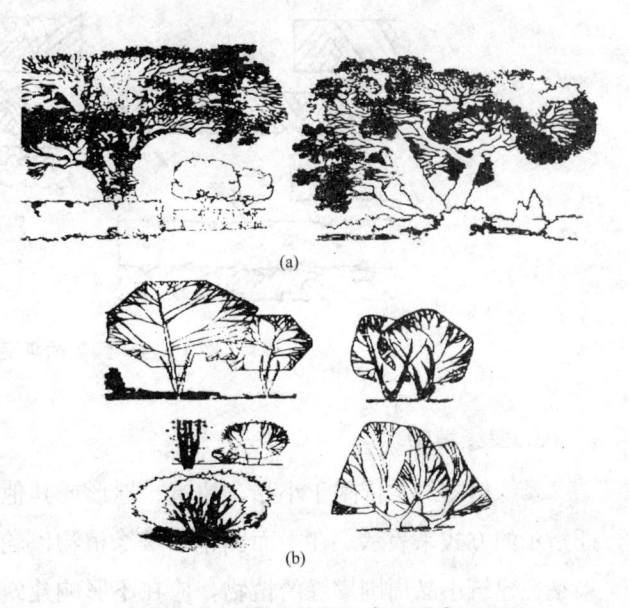

图10-10　树木的效果表现形式
(a)写实风格表现;(b)图案风格表现

· 169 ·

了大量抽象、扭曲和变形的手法，使画面别具一格。

2. 灌木

灌木没有明显的主干，平面形状有曲有直。自然式栽植灌木丛的平面形状多不规则，修剪的灌木和绿篱的平面形状可规则，也可不规则，但其转角处是平滑的。灌木的平面表现方法与乔木类似，通常修剪的规则形状的灌木可用轮廓、分枝型或枝叶型表现，不规则形状的灌木平面宜用轮廓型和质感型表现，表现时以栽植范围为准。由于灌木通常丛生，没有明显的主干，因此，灌木的立面不会与乔木的立面相混淆。

3. 草坪

草坪和草地的表示方法很多，下面介绍一些主要的表示方法：

（1）打点法。打点法是较简单的一种表示方法。用打点法画草坪时，所打的点的大小应基本一致，无论疏密，点都要打得相对均匀。

（2）小短线法。将小短线排列成行，每行之间的间距相近，排列整齐的可用来表示草坪，排列不规整的可用来表示草地或管理粗放的草坪。

（3）线段排列法。线段排列法是最常用的方法，要求线段排列整齐，行间有断断续续的重叠，也可稍留些空白或行间留白。另外，也可用斜线排列表示草坪，排列方式可规则，也可随意。

4. 绿篱

绿篱分常绿绿篱和落叶绿篱。常绿绿篱多用斜线或弧线交叉表示，落叶绿篱则只画绿篱外轮廓线或加上种植位置的黑点来表示。修剪的绿篱外轮廓线整齐平直，不修剪的绿篱外轮廓线为自然曲线，图10-11所示为绿篱的平面表示方法。

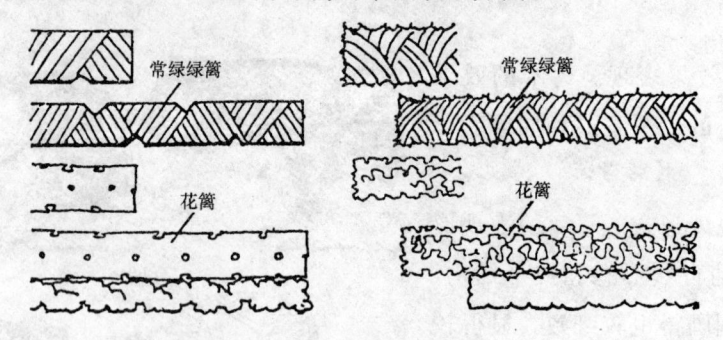

图10-11 绿篱的平面表示方法

5. 攀缘植物

攀缘植物经常依附于小品、建筑、地形或其他植物，在景观设计制图表现中主要以象征指示的方式来表示。在平面图中，攀缘植物以轮廓表示为主，要注意描绘其攀缘线。如果是在建筑小品周围攀缘的植物，应在不影响建筑结构平面表现的条件下作示意图。立面效果表现攀缘植物时，也应注意避让主体结构作适当的表达，如图10-12所示。

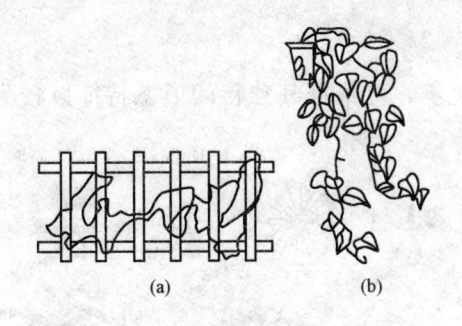

图 10-12 攀缘植物

(a)花架上攀缘植物的平面画法；(b)攀缘植物的透视画法

6. 花卉

花卉在平面图中的表现方式与灌木相似，在图形符号上做相应的区别以表示其与其他植物类型的差异。在使用图形符号时，可以用装饰性的花卉图案来标注，效果美观贴切；还可以附着色彩，使具有花卉元素的设计平面图具备强烈的感染力。在立面效果表现中，花卉在纯墨线或钢笔材料条件下与灌木的表现方式区别不大。附彩的表现图以色彩的色相和纯度变化进行区别，可以获得较明显的效果，如图 10-13 所示。

图 10-13 花卉的表现方法

(a)平面画法；(b)立面画法

7. 竹子

竹子向来是广受欢迎的景观绿化植物，其种类虽然众多，但其有明显区别于其他木本和被子植物的形态特征，小枝上叶子的排列形似"个"字，因而在设计图中可充分利用这一特点来表示竹子，如图 10-14 所示。

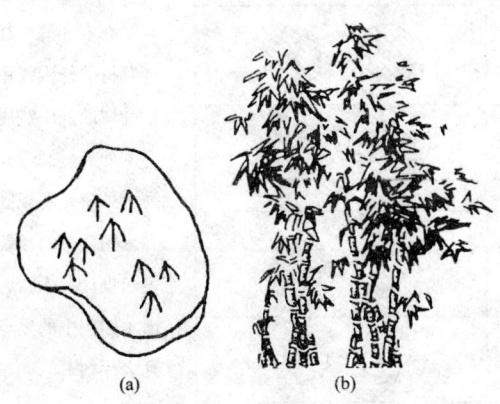

图 10-14 竹子的表现方法

(a)平面画法；(b)透视画法

8. 棕榈科植物

棕榈科植物体态潇洒优美，可根据其独特的形态特征以较为形象、直观的方法画出，如图 10-15 所示。

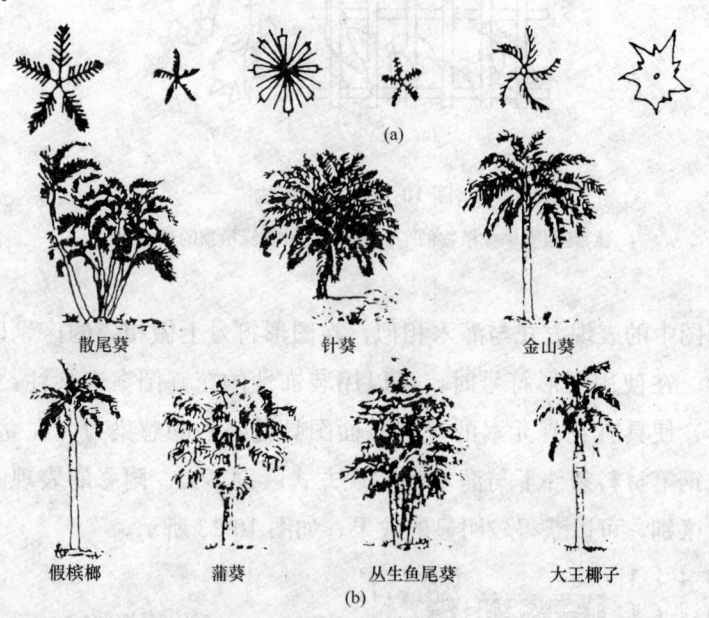

图 10-15 棕榈科植物的表现方法
(a)平面画法；(b)透视画法

（四）常用绿化植物图例

常用绿化植物图例见表 10-5。

表 10-5 常用绿化植物图例

序号	名　称	图　例	说　明
1	落叶阔叶乔木		序号 1~14 中落叶乔木和灌木均不填斜线。 常绿乔木和灌木加画 45°细斜线。 阔叶树的外围线用弧裂形或圆形线。 针叶树的外围线用锯齿形或斜刺形线。 乔木外形呈圆形。 灌木外形呈不规则形。 乔木图例中的粗线小圆表示现有乔木，细线小十字表示设计乔木。 灌木图例中的黑点表示种植位置。 凡大片树林，可省略图例中的小圆、小十字及黑点
2	常绿阔叶乔木		
3	落叶针叶乔木		
4	常绿针叶乔木		
5	落叶灌木		
6	常绿灌木		

续表

序号	名称	图例	说明
7	阔叶乔木疏林		
8	针叶乔木疏林		常绿林或落叶林根据图面表现的需要加或不加45°细斜线
9	阔叶乔木密林		
10	针叶乔木密林		
11	落叶灌木疏林		
12	落叶花灌木疏林		
13	常绿灌木密林		
14	常绿花灌木密林		
15	自然形绿篱		
16	整形绿篱		

· 173 ·

续表

序号	名 称	图 例	说 明
17	镶边植物		
18	一、二年生草本花卉		
19	多年生及宿根草本花卉		
20	一般草皮		
21	缀花草皮		
22	整形树木		
23	竹丛		
24	棕榈植物		
25	仙人掌植物		
26	藤本植物		
27	水生植物		

二、室外建筑小品设计

室外建筑小品是构成建筑外部空间的必要元素，建筑小品是功能简明、体量小巧、造型别致且富有特色的建筑部件，起到丰富空间、美化环境的作用，其艺术处理、形式美的加工，以及同建筑群体环境的巧妙配置，可构成美妙的画面。

(一)建筑小品的设计原则

建筑小品设计应遵循以下原则：

(1)建筑小品的设置应满足公共使用时的心理行为特点，小品全体应与环境内容相一致；

(2)建筑小品的造型要考虑外部空间环境的特点及总体设计意图，切忌生搬硬套；

(3)建筑小品的材料运用及构造处理应考虑室外气候的影响，防止因腐蚀、变形、褪色等现象的发生而影响整个环境的效果；

(4)对于批量采用的建筑小品，应考虑制作、安装的方便，防止变形、褪色等。

(二)建筑小品的种类

建筑小品在室外景观环境中的表现种类较多，其主要可分为景观兼使用功能的室外建筑小品和纯景观功能的建筑小品两类。

1. 景观兼使用功能的室外建筑小品

兼使用功能的室外建筑小品是指具有一定实用性和使用价值的环境小品，在使用过程中还体现出一定的观赏性和装饰作用。它包括交通系统类景观建筑小品、服务系统类建筑小品、信息系统类建筑小品、照明系统类建筑小品、游乐类建筑小品等。

(1)桥梁。桥梁是景观环境中的交通设施，与景观道路系统相配合，联系游览路线与观景点，组织景区的分隔与联系。在设计时注意水面的划分与水路的通行。水景中桥的类型有汀步、梁桥、拱桥、浮桥、吊桥、亭桥与廊桥等。

(2)指示牌。由于休息设施多设置在室外，在功能上需要防水、防晒、防腐蚀，所以在材料上，多采用铸铁、不锈钢、防水木、石材等。

(3)座椅。座椅是景观环境中最常见的室外家具种类，为游人提供休息和交流之用。设计时，路边的座椅应离开路面一段距离，避开人流，形成休息的半开放空间。景观节点的座椅设施应设置在背景而面对景色的位置，让游人休息的时候有景可观。座椅的形态有：直线构成，制作简单，造型简洁，给人一种稳定的平衡感；曲线构成，柔和丰满，流畅，婉转曲折，和谐生动，自然得体，从而取得变化多样的艺术效果；直线和曲线组合构成，有柔有刚，形神兼备，富有对比的变化，完美的结合，别有神韵；仿生与模拟自然界动物、植物形态的座椅，与环境相互呼应，产生趣味和生态美。

(4)垃圾箱。垃圾箱是环境中不可缺少的景观设施，是保护环境、清洁卫生的有效措施，垃圾箱的设计在功能上要注意区分垃圾类型，有效回收可利用的垃圾。在形态上要注意与环境协调，并利于投放垃圾和防止气味外溢。

(5)灯具。灯具也是景观环境中常用的室外家具,主要是为了方便游人夜行,点亮夜晚,渲染景观效果。灯具种类很多,分为路灯、草坪灯、水下灯以及各种装饰灯具和照明器。

(6)游戏设施。游戏设施一般为12岁以下的儿童所设置,需要家长领导。在设计时要考虑儿童身体和动作的基本尺寸,以及结构和材料的安全保障,同时在游戏设施周围应设置家长的休息和看管座椅。游戏设施较为多见的有秋千、滑梯、沙场、爬杆、爬梯、绳具、转盘、跷跷板等。

2. 纯景观功能的建筑小品

纯景观功能的建筑小品是指只是作为观赏和美化作用的小品,如雕塑、石景等。这类建筑小品可丰富建筑空间,渲染环境气氛,增添空间情趣,陶冶人们的情操,在环境中表现出强烈的观赏性和装饰性。

(1)雕塑。雕塑是指用传统的雕塑手法,在石、木、泥、金属等材料上直接创作,反映历史、文化、思想和追求的艺术品。雕塑分为圆雕、浮雕和透雕三种基本形式,现代艺术中还出现了四维雕塑、五维雕塑、声光雕塑、动态雕塑和软雕塑等。装置艺术是"场地+材料+情感"的综合展示艺术。艺术家在特定的时空环境里,将日常生活中的物质文化实体进行选择、利用、改造、组合,以令其演绎出新的精神文化意蕴的艺术形态。

(2)石景。石景采用真石而成,具有多种特点,采用高质量光化效果,发出的光晕如梦如幻,涌出的汩汩晨雾在净化湿润空气的同时让人如临仙境,文竹翠草在淙淙的流水声中施放着田园绿色的情调。

三、室外水体设计

(一)水体的类型

景观中的水体形式有自然状态下的水体和人工水景两种,人工水景的形态可分为静态水景和动态水景。

1. 静态水景

静态水景指水体运动变化比较平缓、水面基本保持静止的水景。静态水景通常以人工湖、水池、游泳池等形式出现,并结合驳岸、置石、亭廊花架等元素形成丰富的空间效果。

2. 动态水景

动态水景由于水的流动而产生丰富的动感,营造出充满活力的空间氛围。现代水景设计通过人工对水流的控制(如排列、疏密、粗细、高低、大小、时间差等),并借助音乐和灯光的变化产生视觉上的冲击,进一步展示水体的活力和动态美,其主要有喷泉、涌泉、人工瀑布、人工溪流、壁泉、跌水等形式。

(二)水景景观效果及设计形式

1. 水景的景观效果

水景的景观效果如图 10-16 所示。

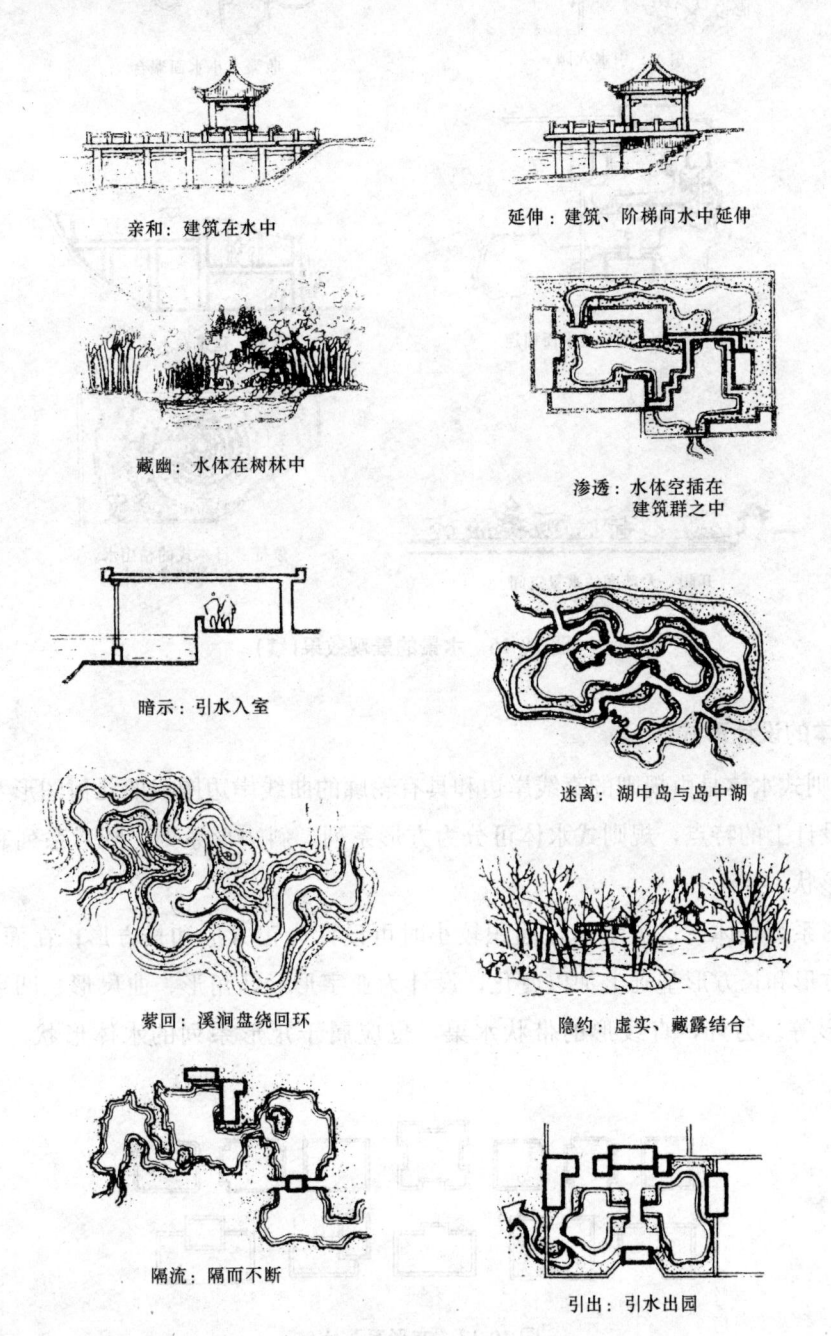

亲和：建筑在水中

延伸：建筑、阶梯向水中延伸

藏幽：水体在树林中

渗透：水体空插在建筑群之中

暗示：引水入室

迷离：湖中岛与岛中湖

萦回：溪涧盘绕回环

隐约：虚实、藏露结合

隔流：隔而不断

引出：引水出园

图 10-16 水景的景观效果

引入：引水入园

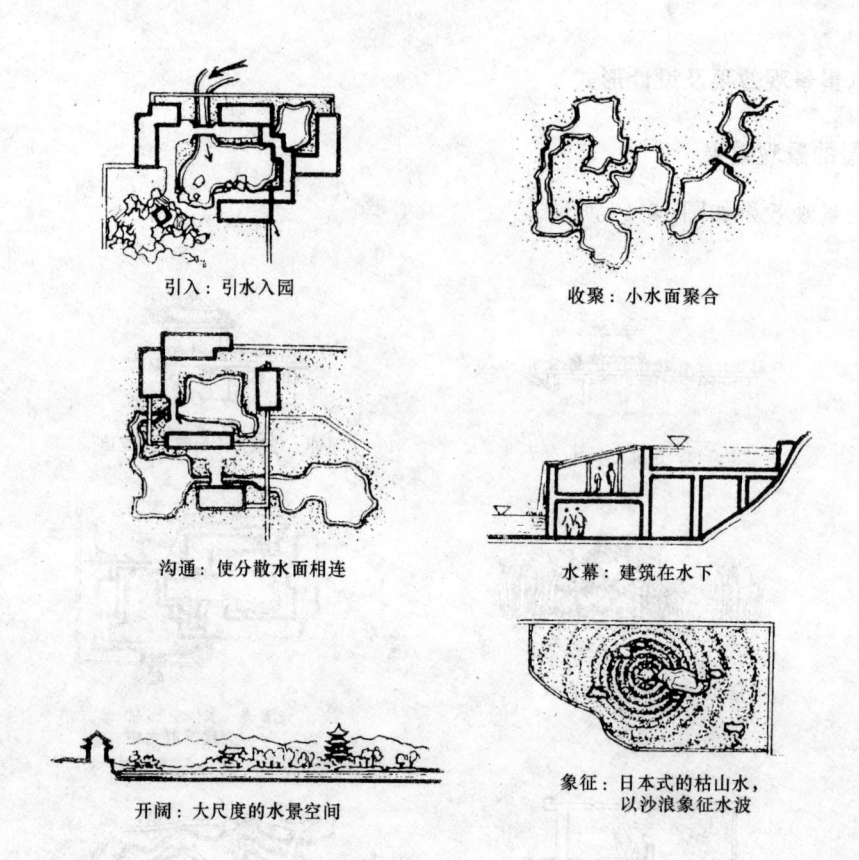

收聚：小水面聚合

沟通：使分散水面相连

水幕：建筑在水下

开阔：大尺度的水景空间

象征：日本式的枯山水，以沙浪象征水波

图 10-16 水景的景观效果（续）

2. 水体的设计形式

（1）规则式水体是由规则的直线岸边和具有轮廓的曲线岸边围成的几何图形水体。根据水体平面设计上的特点，规则式水体可分为方形系列、斜边形系列、圆形系列和混合形系列等四类形状。

①方形系列水体。这类水体在面积较小时可设计为正方形和长方形；在面积较大时，则可在正方形和长方形基础上加以变化，设计为亚字形、凸角形、曲尺形、凹字形、凸字形和组合形等。另外，直线形的带状水渠，也应属于矩形系列的水体形状，如图10-17所示。

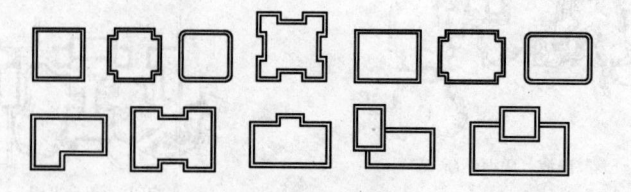

图 10-17 方形系列水体

②斜边形系列水体。这类水体平面形状设计为含有各种斜边的规则几何形，如三角形、六边形、菱形、五角形以及具有斜边的不对称、不规则的几何形。这类池形可用于不同面

积的水体，如图10-18所示。

图10-18　斜边形系列水体

③圆形系列水体。主要的平面设计形状有圆形、矩圆形、椭圆形、半圆形和月牙形等。这类池形主要适用于面积较小的水池，如图10-19所示。

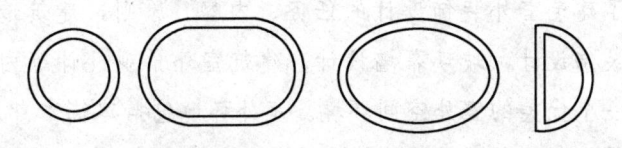

图10-19　圆形系列水体

④混合形系列水体。此类水体是由圆形和方形、矩形相互组合变化而形成的一系列水体平面形状，如图10-20所示。

图10-20　混合形系列水体

(2)自然式水体岸边的线型是自由曲线，由线围成的水面形状不规则，并有多种变异的形状。自然式水体主要可分为宽阔型和带状型两种。

①宽阔型水体。一般园林中的湖、池多是宽阔型的，即水体的长宽比值在1∶1～3∶1之间。水面面积可大可小，但不为狭长形状。

②带状型水体。当水体的长宽比值超过3∶1时，水面呈狭长形状，即带状水体。园林中的河渠、溪涧等都属于带状水体。

混合形系列水体是规则式水体形状与自然式水体形状相结合的一类水体形式。在园林水体设计中，在以直线、直角为地块形状特征的建筑边线、围墙边线附近，为了与建筑环境相协调，常常将水体的岸线设计成局部的直线段和直角转折形式，水体在这一部分的形状就成了规则式。而在距离建筑、围墙边线较远的地方，自由弯曲的岸线不再与环境相冲突，可以完全按自然式来设计。

四、建筑小品在室外空间中的运用

建筑小品在室外空间中的运用主要体现在以下几方面：

(1)利用建筑小品强调主体建筑物。

(2) 利用建筑小品满足环境功能要求。

(3) 利用建筑小品分隔与联系空间。

(4) 利用建筑小品作为观赏对象。

本章小结

本章主要介绍了建筑室外装饰设计的任务、内容、原则，建筑造型与装饰，室外局部装饰设计，店面装饰设计，玻璃幕墙设计，建筑室外景观设计等内容。室外装饰设计的主要目的是创造一个优美的室外空间环境。室外环境包括建筑本身及建筑的外部空间。室外装饰设计主要是进行建筑的外部空间和建筑体量的总体构图设计，包括墙面、门窗、室外入口、台阶、雨篷、檐口和其他装饰构件以及室外园林、廊道、绿化、小品的布置与设计。

思考与练习

一、填空题

1. 建筑外部装饰设计包括_____和_____两部分。
2. 处理好周围的旧建筑与新建筑关系的方法有_____、_____、_____几种。
3. 建筑外立面的形式有_____、_____、_____几种。
4. 阳台按形式可分为_____、_____、_____、_____、_____、_____、_____等。
5. 景观中的水体形式有_____和_____两种，人工水景的形态可分为_____和_____。

二、选择题

1. 下列不属于建筑室外环境设计内容的是(　　)。

   A. 建筑外部地面的铺地设计　　B. 建筑局部及细部设计

   C. 建筑外部灯光、灯具的设计　　D. 建筑外部雕塑、外景、小品的设计

2. 下列叙述中，错误的是(　　)。

   A. 建筑外立面的色调不宜过于刺激，对比不宜过于强烈，且色彩的饱和度不宜过高

   B. 外墙色彩的选择不仅应考虑建筑物的性格、体量和尺度，也应为多数人所接受

   C. 建筑外立面的色彩宜多种颜色相间或交织使用

   D. 在选室外墙色彩时，要选择比预期的颜色稍深、稍艳一些为好

3. 在墙面装饰设计中，光洁材料常用于建筑(　　)。
   A. 上部　　　　B. 中间　　　　C. 下部　　　　D. 内部

三、简答题
1. 建筑室外装饰设计的原则有哪些？
2. 怎样进行建筑外立面质感设计？
3. 入口的装饰设计处理手法有哪几种？
4. 柱墙面装饰设计中色彩处理应注意哪些问题？
5. 店面装饰设计有哪些要求？
6. 玻璃幕墙设计应满足哪些要求？
7. 建筑外部景观设计中绿化设计的形式哪些？

参 考 文 献

[1] 来增祥. 室内设计原理[M]. 北京：中国建筑工业出版社，2006.

[2] 张能. 室内设计基础[M]. 北京：北京理工大学出版社，2009.

[3] 张夫也. 人体工程学[M]. 2版. 北京：南京大学出版社，2014.

[4] 梁旻，胡筱蕾. 室内设计原理[M]. 北京：上海人民美术出版社，2010.

[5] 陈易. 室内设计原理[M]. 北京：中国建筑工业出版社，2006.

[6] 陈希，周翠微. 室内绿化设计[M]. 北京：科学出版社，2008.